U0805957

高职高专产品艺术设计专业(灯具方向)规划教材

灯具设计——Rhino

马　驰　主编

黄河水利出版社
·郑州·

内 容 提 要

本书是国内首部主要围绕灯具产品讲述 Rhino 的基本操作及其在灯具造型设计中的具体应用的教材。首先采用循序渐进的方式对 Rhino 在灯具设计中的常用命令及新功能进行重点讲解；其次详细介绍如何通过 Rhino 进行灯具设计、建模的基础知识，并且通过插件 T－Splines 扩展 Rhino 的建模方法，提高建模速度与质量；再次介绍了实时渲染软件 KeyShot 的基本操作和灯具产品的渲染流程；最后通过灯具具体设计实例充分展示 Rhino 在灯具造型设计中的具体方法和具体操作步骤。

本书可供灯具设计专业学生阅读学习。

图书在版编目(CIP)数据

灯具设计：Rhino/马驰主编．—郑州：黄河水利出版社，2016.12

高职高专产品艺术设计专业(灯具方向)规划教材

ISBN 978－7－5509－1618－0

Ⅰ.①灯…　Ⅱ.①马…　Ⅲ.①灯具－设计－高等职业教育－教材　Ⅳ.①TS956

中国版本图书馆 CIP 数据核字(2016)第 308082 号

组稿编辑：贾会珍　电话：0371－66028027　E-mail：110885539@qq.com

出 版 社：黄河水利出版社

地址：河南省郑州市顺河路黄委会综合楼 14 层　邮政编码：450003

发行单位：黄河水利出版社

发行部电话：0371－66026940、66020550、66028024、66022620(传真)

E-mail：hhslcbs@126.com

承印单位：河南省瑞光印务股份有限公司

开本：787 mm×1 092 mm　1/16

印张：8.25

字数：201 千字　　印数：1—1 000

版次：2016 年 12 月第 1 版　　印次：2016 年 12 月第 1 次印刷

定价：28.00 元

前 言

本书主要介绍 Rhino 的操作技巧及其在灯饰外观产品造型中的具体应用。本书作者有多年灯具设计经验，在灯饰造型高级建模方面积累了较多技巧。本书中加入最主流的 T－Splines、KeyShot 和 V－Ray 等技术。

本书首先讲解 Rhino 的常用命令和操作，介绍 Rhino 的曲面建模；其次讲解实时渲染软件 KeyShot 的基础操作技巧和灯饰产品的渲染流程；最后通过常规的灯饰产品实例，如手工玻璃雕花壁灯、现代吊灯、水晶吊灯，充分展示 Rhino 在灯饰产品造型设计中的具体方法和具体操作步骤，通过 KeyShot 渲染软件快速表达灯饰产品的效果。

第一章初步介绍 Rhino 的特点及灯饰设计专业常用的计算机辅助三维设计软件。

第二章介绍 Rhino 界面和基础操作，包括界面构成、工具面板、自定义工具集、建模辅助设置等。

第三章介绍绘制 2D 物体，包括点、线、面及网格的绘制，其他封闭几何体的绘制。

第四章主要介绍 Rhino 的 2D 编辑，包括曲线编辑及对 NURBS 曲线的深入理解。

第五章主要介绍 Rhino 的曲面构建，包括创建方形平面、绘制简单曲面、拉伸曲面、放样、扫掠、旋转、边界曲面、闭合线曲面、镶面。

第六章主要介绍 Rhino 的曲面编辑，包括点的编辑、分割和修剪、链接曲面、延伸曲面、曲面倒角、偏移工具、混接曲面、合并曲面、衔接曲面和几何学上的 G0、G1 和 G2 连续。

第七章主要介绍 Rhino 实体和网格，包括基本几何体创建、实体工具、布尔运算、抽面工具、实体倒角、网格对象。

第八章主要介绍 Rhino 高级工具集，包括从物件建立曲线、物件变动工具、NURBS 曲面。

第九章主要介绍 Rhino 辅助工具，包括图层控制、物件属性、2D 工具、导入图片。

第十章介绍 Rhino 的渲染功能，包括分类、特性、静帧渲染、渲染插件等。

第十一章介绍 Rhino 灯具设计方法实例，包括手工玻璃雕花壁灯建模、现代吊灯建模、水晶吊灯建模等。

目　录

第一章 概 述

1.1 Rhino 简介

Rhino 是美国 Robert McNeel 开发的功能强大的专业 3D 造型软件，它可以广泛地应用于工业设计、建筑设计、珠宝设计、科学研究以及机械设计等领域。它能轻易整合 3dsMax 与 Softimage 的模型功能，对要求精细、弹性与复杂的 3D NURBS 模型，尤其对增加整个 3D 工作团队的模型生产力有明显效果，故适合使用 3dsMax、AutoCAD、Maya、Softimage、Houdini、Lightwave 等的 3D 设计人员学习使用。

Rhino 是一款功能超强的三维建模软件，它对计算机要求也很低。它包含了所有的 NURBS 建模功能，用它建模感觉非常流畅，它能输出 obj、dxf、Iges、stj、3dm 等不同格式的文件，适合于几乎所有三维软件使用。

Rhino 是一个功能强大的高级建模软件。Rhino 是由美国 Robert McNeel 公司于 1998 年推出的一款基于 NURBS（Rhino3D NURBS，非均匀有理 B 样条曲线）的三维建模软件。

在建模、渲染及专业领域都有相关的插件扩展 Rhino 的功能，Rhino 的插件主要有以下几种：

（1）Grasshopper：是一款在 Rhino 环境下运行的采用程序算法生成模型的插件。可以通过一些简单的流程方法得到设计师所想要的模型。目前主要应用在建筑设计领域，近年在我国大陆地区刚刚兴起，可用于建筑表面效果制作和复杂曲面造型建模，现在已经在中钢国际、银河 SOHO 等建筑设计中运用。

（2）T－Splines：是一款作为 NURBS 细分形式补充的新建模的插件，是由 T－Splines 公司领导开发的一种全新建模技术，它结合了 NURBS 和细分表面建模技术的特点，可以减少在模型表面上的控制点数目，可以进行局部细分和合并两个 NURBS 面片等操作，使建模操作速度和渲染速度都得到提高。

（3）KeyShot：是一个互动性的光线追踪与全域光渲染程序，无须复杂的设定即可产生相片般真实的 3D 渲染影像。其开发者为高级渲染和照明技术世界领先的开发商。

KeyShot for Rhino 是 KeyShot 官方提供的 Rhino 接口 Plugins（插件），在 Rhino 的菜单栏中会出现有关 KeyShot 渲染器的选项。

（4）V－Ray for Rhino：是由 Chaosgroup 和 Asgvis 公司出品的一款高质量的渲染软件，是建筑表现、CG（电脑图形设计）等设计领域最受欢迎的渲染引擎之一。基于 V－Ray 内核开发的有 V－Ray for 3dsMax、V－Ray for Maya、V－Ray for Sketchup、V－Ray for Rhino 等诸多版本，为不同领域的优秀 3D 建模软件提供了高质量的图片和动画渲染工具。

1.2 工业设计常用三维软件介绍

三维软件市场发展越来越快，新软件也层出不穷，当我们听到一个从未听到过的软件名字时，我们应注意区分。

不同的软件是开发给不同的用途的，用 CG 标准的建模软件输出模型给制造业肯定是造不出来的。可先给软件分个类，人们所熟悉的 Photoshop、AI、Coredraw 等属于 2D(平面)软件，Sketchup、AutoCAD 等属于 3D 软件。

就 3D 软件而言，我比较认同的分类是将其分为 CG 软件、CAD 软件、CAID 软件、CAM 软件四种。

CG：可暂且定义为影视、动画、虚拟表现一类软件(其实它不是这样定义的，但很不好解释，在我的这个分类中可以这样理解)。像建筑效果图就属于这个范畴。主要软件有 3dsMax、Maya 等。

CAD：计算机辅助设计软件，AutoCAD、Alias 等属于这类软件。

CAID：计算机辅助工业设计软件，主要有 Rhino、Solidthinking 等。

CAM：计算机辅助制造软件，主要有 Pro/E、CATIA 等，这些软件的模块和机床切割工具等相连，CAM 中的模型是直接用于产品及产品模具制造的。

第二章　工作界面

2.1　界面构成

Rhino 5.0 的界面主要由菜单栏、命令栏、标准工具栏、工具栏、工作视窗和状态栏组成（见图2-1）。在学习 Rhino 之前，首先熟悉界面，以便能快速找到所需的命令与工具的位置。

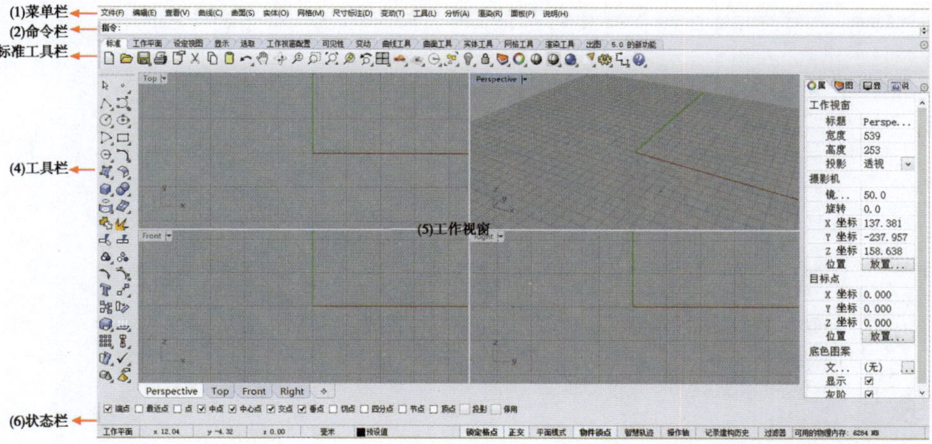

图 2-1　Rhino 5.0 的界面

（1）菜单栏：根据命令的类型排列布局，绝大部分的命令可以在菜单上找到。

（2）命令栏：在单击工具条上的图标工具按钮之后，该命令会显示在命令栏中，也可以在命令栏中输入命令代替单击工具条上的图标按钮；点击任何一个工具，命令栏都会提示该工具的具体操作。

（3）标准工具栏：属于非建模命令的工具。常用的有以下几种： 鼠标左键单击为复原，即返回上一步操作； 鼠标右键单击为重做，即取消返回。 平移视窗。 旋转视窗，一般旋转透视图，其他视图不建议旋转。 各种缩放工具。 恢复四个工作视窗。 设置视图。 选取，右键单击可以展开子工具。 左键单击为隐藏，右键单击为显示。 锁定和解锁工具，物体锁定后显示灰色，不能执行任何操作，除非解锁。 图层管理，左键单击为打开图层，右键单击为关闭图层，长按鼠标左键会弹出子工具栏。 物件属性。 Rhino 选项设置。 尺寸标注。

（4）工具栏：含有命令图标的按钮，用以执行命令，此工具栏按照“创建曲线”、“创建曲面”、“编辑曲线”、“编辑曲面”、“创建实体”、“编辑实体”、“从物体建立曲面”、“常用变换工具”等命令进行布局，可满足一般操作的需要。

（5）工作视窗：显示 Rhino 的工作环境，包括物体、工作视窗标题、背景、工作平面网格线、世界坐标轴图示。

(6)状态栏:显示目前的坐标系统(工作平面坐标或世界坐标),光标的 X、Y、Z 坐标及状态栏面板(当前的图层及颜色、锁定格点切换、物件锁点工具切换、记录建构历史)。

2.2 工具面板

Rhino 工具面板上有两类按钮:、。

第二类按钮右下角有个小三角,表示这个工具有一系列相关工具集,我们用鼠标左键或右键长按这个按钮可以将工具集浮动出来,如图 2-2 所示。

另外,左键单击和右键单击对于某些图标来说,其作用是不一样的,当我们将鼠标停在某个工具按钮上时,可以看到左键和右键的含义,应注意区分,如图 2-3 所示。

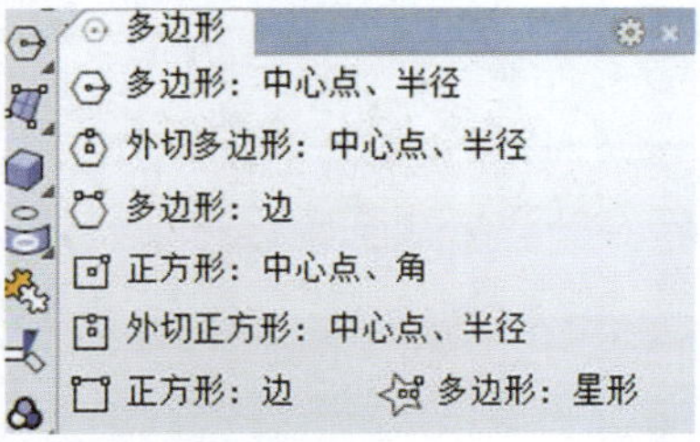

图 2-2 浮动工具集

图 2-3 左键与右键按钮的区别

Rhino 默认工具面板只展示了一部分工具,你可以在工具栏空白处点击右键,打开隐藏的工具面板,如图 2-4 所示。

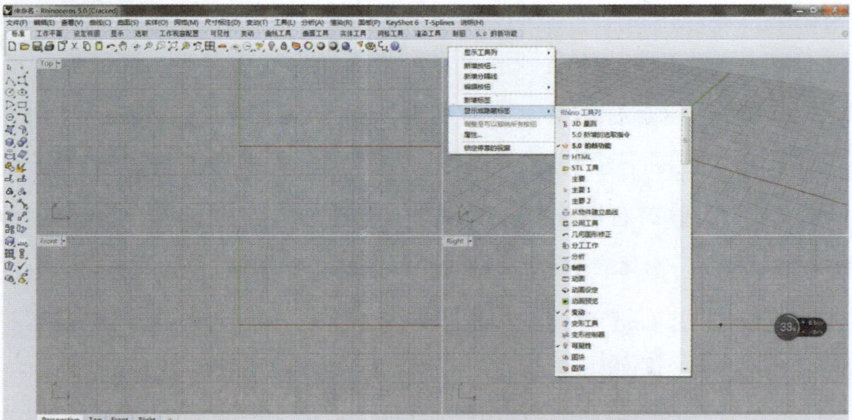

图 2-4 打开 Rhino 隐藏的工具面板

2.3　Rhino 视窗

Rhino 视窗是 Rhino 的主要建模区，是我们平时建模与之打交道最为频繁的区域。

2.3.1　视窗基本操作

Rhino 默认为四个视图布局，分别为顶视图(Top)、透视图(Perspective)、前视图(Front)和右视图(Right)，见图 2-5。

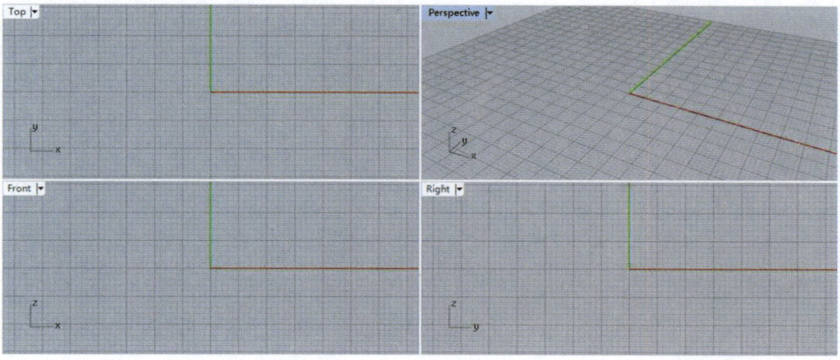

图 2-5　默认的四个视图

视图切换操作：如将 Top 视图修改为 Front 视图，只需右击视图左上角的 Top 字样，在弹出的菜单中选择“设置视图”Front 命令。

2.3.2　视窗显示模式

Rhino 视窗显示模式主要有线框模式、着色模式、渲染模式、半透明模式、X 光模式、其他模式(工程图模式、艺术风格模式、钢笔模式)等，如图 2-6 所示。其中线框模式、着色模式、渲染模式最为常用。

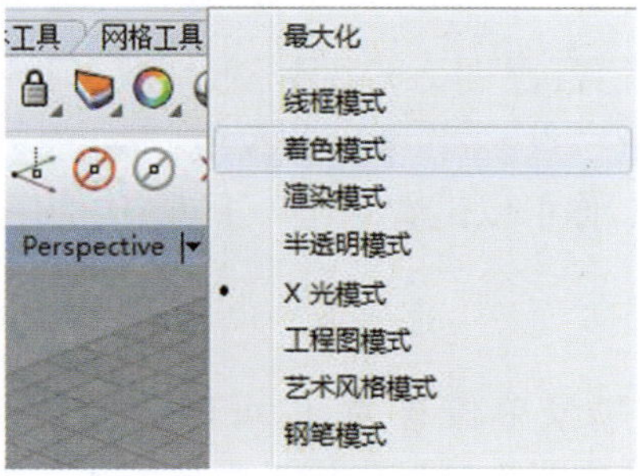

图 2-6　视窗显示模式

显示模式举例：选择几种常见显示模式，注意观察模型视觉上发生的变化，如图 2-7 所示。

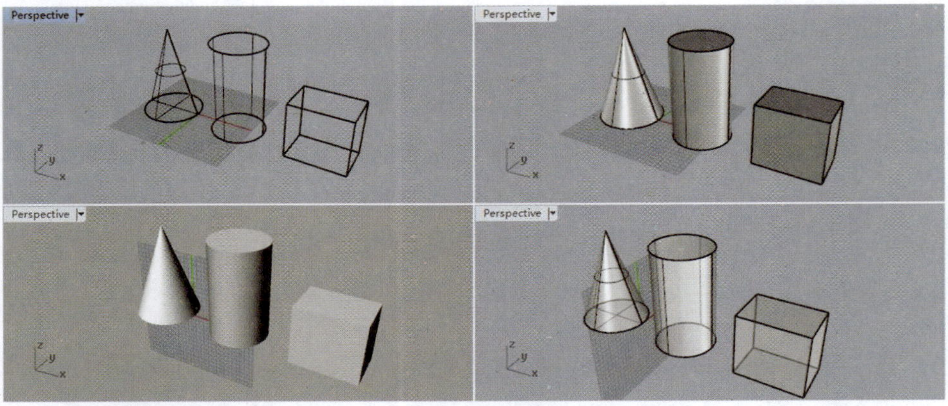

图 2-7　显示模式举例

2.3.3　工作平面

每个工作视窗内都带有一个工作平面，你看到的场景格线就是工作平面，任何在视窗内直接绘制的点和线都将处于该视窗的工作平面内，如图 2-8 所示。

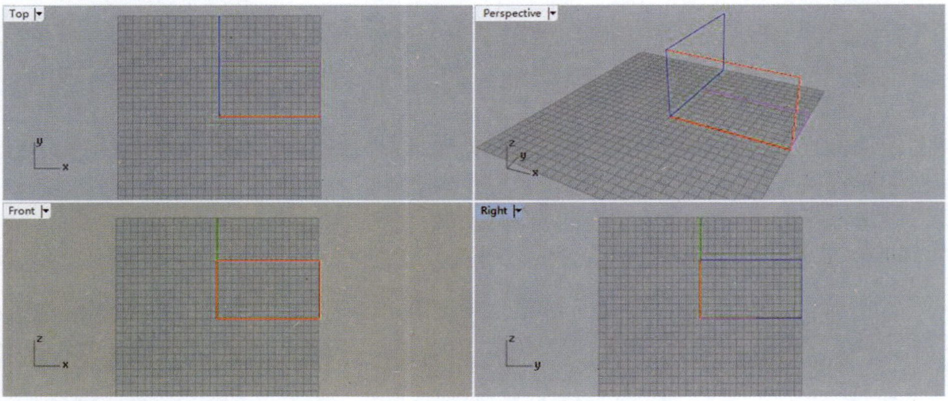

图 2-8　工作平面

你可以对工作平面进行设置（见图 2-9），但一般情况下我们不会更改默认的工作平面，所以具体就不多讲了。只提醒一点：工作平面的改变，不能通过按 Ctrl + Z 键还原，需要使用图上命令 Shift + Home 键还原，你可以试着对比一下 CAD 的用户坐标系统。

2.3.4　自定义工具

工作平面中的格线也和场景单位有关，你可以选择菜单栏的“工具”—“选项”（见图 2-10），打开“选项”对话框（见图 2-11），设置场景单位和格线密度、大小。

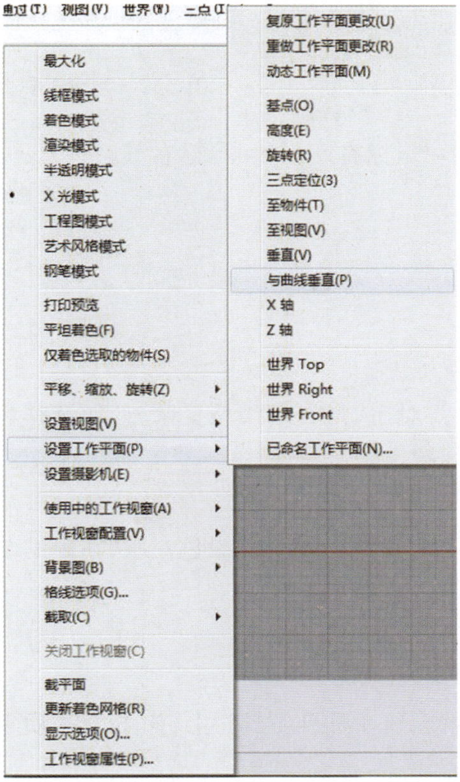

图 2-9　工作平面设置

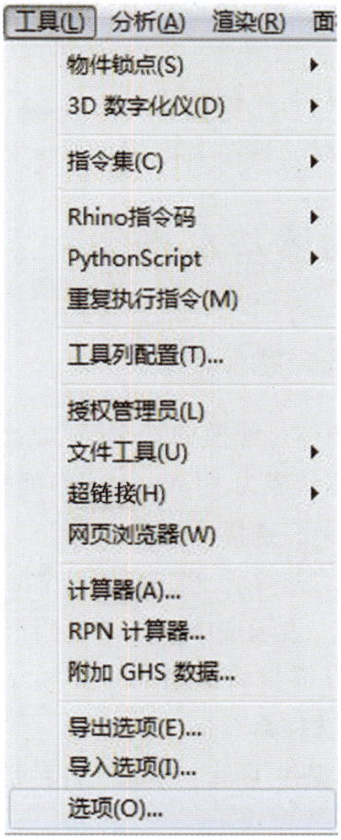

图 2-10　“工具”—“选项”

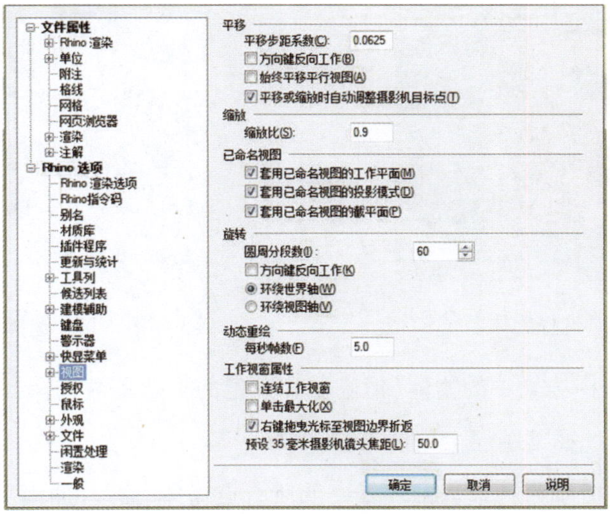

图 2-11　“选项”对话框

2.4　观看物体

在标准工具栏内提供了完整的观看工具(见图 2-12),但这些工具只能使用一次，非常麻烦,所以我们应该记住观看物体的快捷键。

平移:Shift + 鼠标右键、Ctrl + Alt + 鼠标右键、键盘的↑↓←→键。

图 2-12　观看工具

旋转视图:鼠标右键。

缩放:滑动鼠标滚轮、PageDown 和 PageUp、Ctrl + 鼠标右键、Alt + 鼠标右键。

2.5　物体基本操作

2.5.1　选择物体

选择物体是建模的基本操作,虽然选择物体不是难事,但一旦模型复杂,如何选择自己想要的物体就成为 Rhino 入门中面临的一个操作问题。

2.5.1.1　单一选择、增选、减选

如图 2-13 所示,当鼠标处于箭头状态时,我们用左键单击玩具的绿色左眼,左眼的结构线变成黄色,表示选中了该物件(物体)。

按住 Shift 键可以增选,按住 Ctrl 键可以减选。

2.5.1.2　选择命令集

Rhino 提供了一个考虑到各种情况的选择命令集,位于标准工具栏上,如图 2-14 所示。

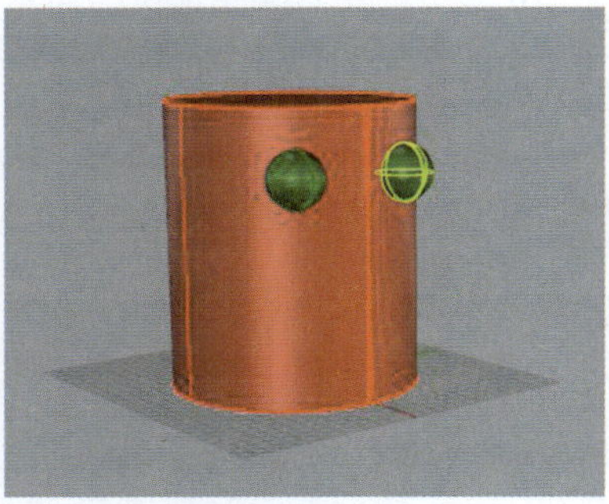

图 2-13　选择物体

图 2-14　选择命令集

反选:反向选择场景中的物体(但隐藏和锁定的物体不被选择, 后面相同)。

以图层选取:选择某图层上的所有物体。

:分别是选取当前场景中的所有点物体、曲线、曲面、多重曲面和网格。

2.5.2　建模辅助设置

Rhino 状态栏内给我们提供了一系列帮助建模确定位置的选项,如图 2-15 所示。

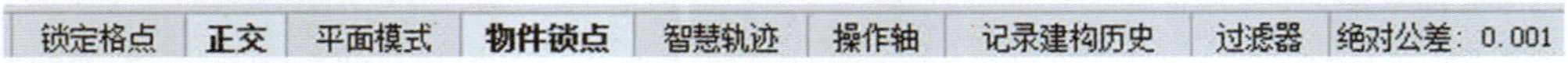

图 2-15　状态栏

锁定格点：选中该选项，则锁定格点，光标只能在网格格点上移动，格点间距可在“文件属性”对话框中设置。

正交：开启正交模式，则光标只能在指定角度上移动，系统默认为90°。

平面模式：开启平面模式，则光标只能在上一个指定点所在的平面上移动，便于曲面创建、平面建构的操作。

物件锁点：开启该模式，则会弹出“端点”和“中点”等一系列捕捉选项，有助于精确建模，如图2-16所示。

图2-16 物件锁点

智慧轨迹：可以进行智能捕捉端点，方便线条的绘制。

操作轴：打开操作轴，便于移动物件和缩放物件。

记录建构历史：该选项可记录命令的建构历史，但不是所有命令都支持该选项，如“旋转成型”等命令可运用此选项记录曲面建构历史，通过编辑控制点直接调整曲面形状。

过滤器：可以选择需要过滤的点、线、面等，方便对物件的操作。

另外，可以隐藏、显示和锁定物件。

例如，单击工具列“隐藏物体”图标的白色小三角，会弹出“可见性”工具列，如图2-17所示。

图2-17 “可见性”工具列

2.5.3 Rhino的菜单快捷键

Rhino的菜单中会显示某些命令的快捷键，在“选项”对话框的“键盘”页面中，也可设置快捷键的属性，常用的快捷键有以下几种。

2.5.3.1 视图操作

放大/缩小视图	使用鼠标滚轮或Ctrl + 鼠标右键上下拖曳
放大视图	PageUp
缩小视图	PageDown
调整透视图摄影机的镜头焦距（缩小视野）	Shift + PageUp
调整透视图摄影机的镜头焦距（扩大视野）	Shift + PageDown
平移视图	Shift + 鼠标右键拖曳
在视线轴上向前移动摄影机及目标点	Alt + 鼠标滚轮
在视线轴上向后移动摄影机及目标点	Alt + 鼠标滚轮
以摄影机为中心旋转视图	Ctrl + Alt + 鼠标右键拖曳
以目标为中心旋转视图	Ctrl + Shift + 鼠标右键拖曳

2.5.3.2 选取物件快捷键

加选单一物件	Shift + 鼠标左键单击
减选单一物件	Ctrl + 鼠标左键单击
以跨选/框选加选物件	Shift + 鼠标左键拖曳
以跨选/框选减选物件	Ctrl + 鼠标左键拖曳
选取多重曲面/曲面的面、边缘、边界和群组里的物件	Ctrl + Shift + 鼠标左键单击

2.5.3.3 其他

暂时启用/停用物件锁点	Alt
结束命令或重复命令	Enter 或空格

第三章　绘制 2D 物体

3.1　Rhino 中点的建立与编辑

3.1.1　点的建立

Rhino 关于点的命令位于主工具栏最上面一个图标。几乎所有的 3D 格式都支持点物体，譬如将 AutoCAD 中的点导入到 Rhino 中仍是作为点物体而存在的。在我们熟悉的 Sketchup 中，点则是以辅助点而存在的。

Rhino 点物体工具集如图 3-1 所示。

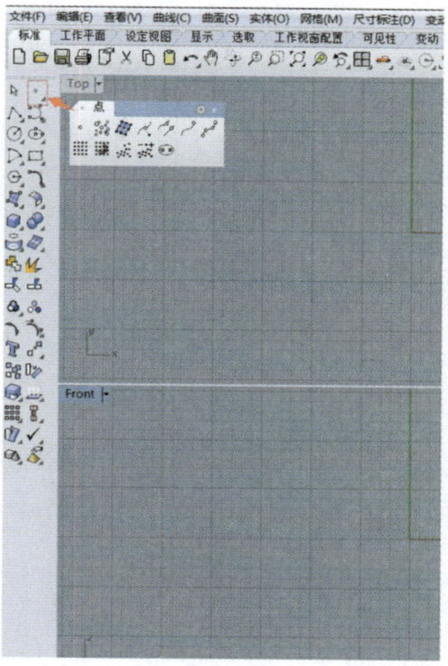

图 3-1　Rhino 点物体工具集

Rhino 中还存在另一种类型的“点”，即曲线和曲面控制点，它不是这里所指的点物体，而是属于 NURBS 曲线和曲面的属性，要注意区分。我们后面会专门讲解。

3.1.2　线物体

Rhino 中的线物体分为直线（Polyline）、曲线（Curve）、封闭线（圆、椭圆、多边形等）。

其命令的位置如图 3-2 所示。

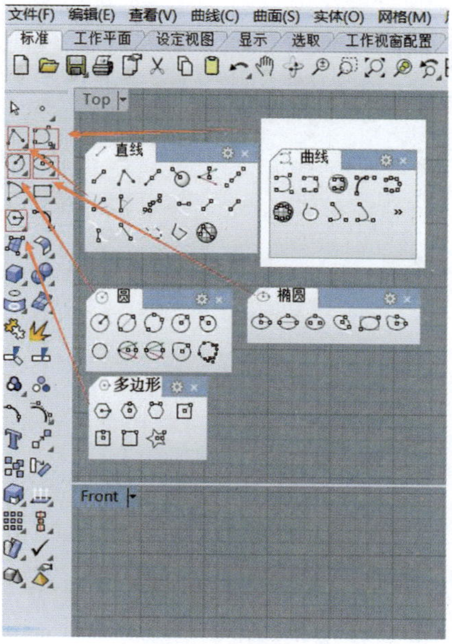

图 3-2　Rhino 线物体相关命令位置

直线(Polyline):对比一下 AutoCAD 中的直线,稍微不同的是,Rhino 中的直线可以塑造空间折线,但 AutoCAD 中的直线不能。

曲线(Curve):Rhino 中造型的最主要元素之一。它和直线在本质上都属于 NURBS 曲线,只是某些属性不同。

封闭线:封闭的 NURBS 曲线,封闭曲线和开放曲线在性质上有些不同,后面我们遇到再介绍。

3.1.3 面物体

面物体可分为曲面(Surface)、多重曲面(Polysurface)等。

曲面(Surface):特指单个 NURBS 曲面,是 Rhino 中造型的最基本要素。

多重曲面(Polysurface):指被链接,而且又不形成封闭空间的一组曲面。Rhino 中的曲面如果至少有一条边相接,则它们可以被链接。

实体(Solid):封闭的单个曲面(如球体)或者形成封闭空间的多重曲面,可称为实体。

Rhino 面物体举例如图 3-3 所示。

当几个物体重合在一起时,我们尝试选择某个物体,Rhino 不会给出“实体”的判别,只有“曲面”和“多重曲面”两个选项,因此实体的本质就是以上两种物体。

重合物体判别选择如图 3-4 所示。

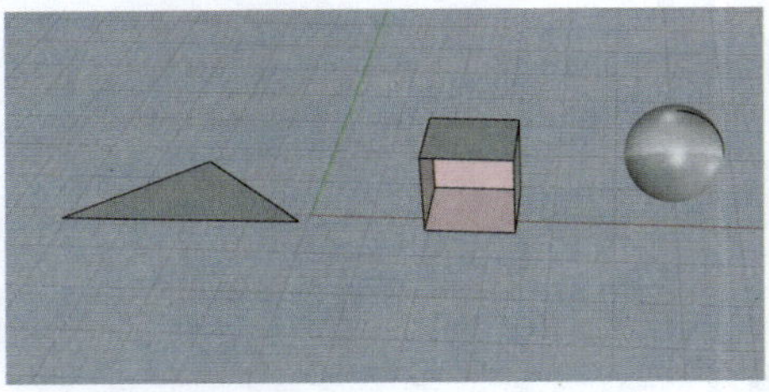

图 3-3　Rhino 面物体举例

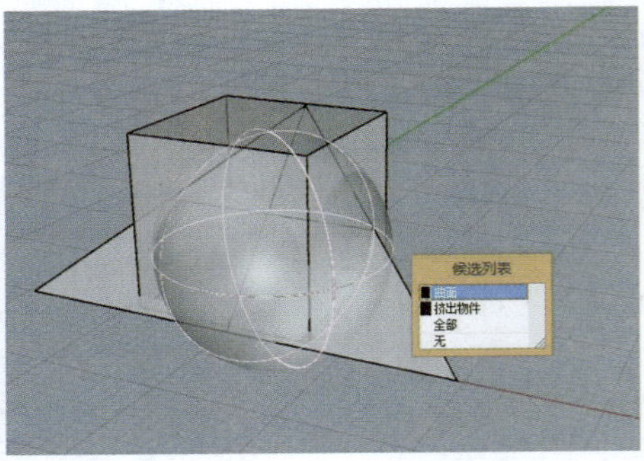

图 3-4　重合物体判别选择

3.1.4 网格

Rhino 中的网格(Mesh)就是 Polygon 对象,与它相关的命令在 Rhino 工具栏中的位置如图 3-5 所示。

网格对象也可以被链接,链接后的网格叫作多重网格,网格在 Rhino 中只是辅助的建模元素,它只提供了少数几种几何造型,要得到复杂的网格,需要从曲面转换而来。

图标即是曲面和网格的转换按钮(单击左键可以从曲面转换到网格,单击右键可以从网格转换到曲面)。

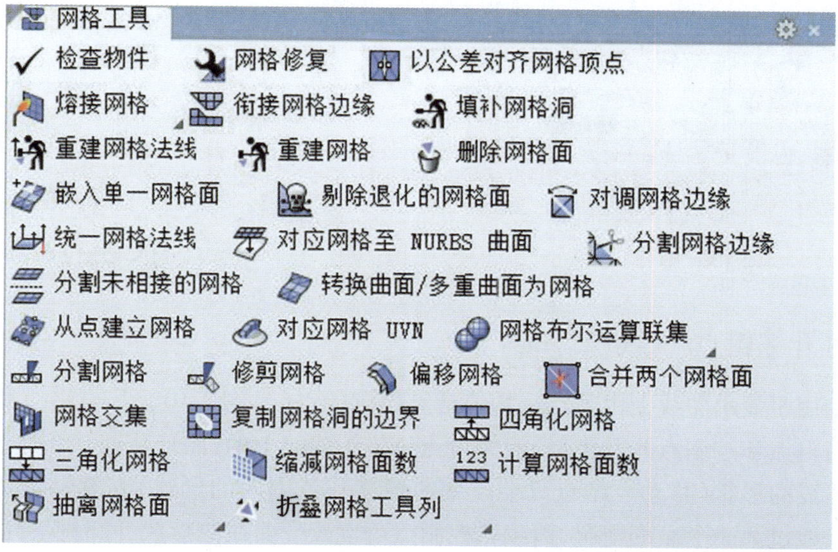

图 3-5　网格工具集位置

3.2　点物体的绘制

在 3D 软件中，点的使用通常只是为了实现一些辅助功能，例如帮助你在建模时确定位置，而且不能被渲染，一般的教材都会忽略这个部分。事实上，我个人在使用 Rhino 建模时很难会用到点，因为 Rhino 在物件锁点的功能上提供了全部我所需要的确定位置的功能。

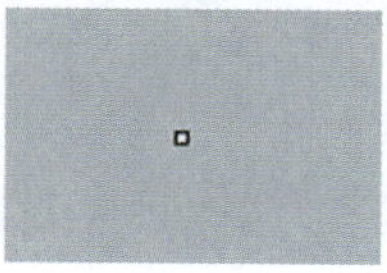

图 3-6　Rhino 中的点

点在 Rhino 中表现为一个小方格（见图 3-6），而且大小无论怎样始终不变，点不会属于任何其他物体的一部分。

点命令和相关用法如图 3-7 所示。

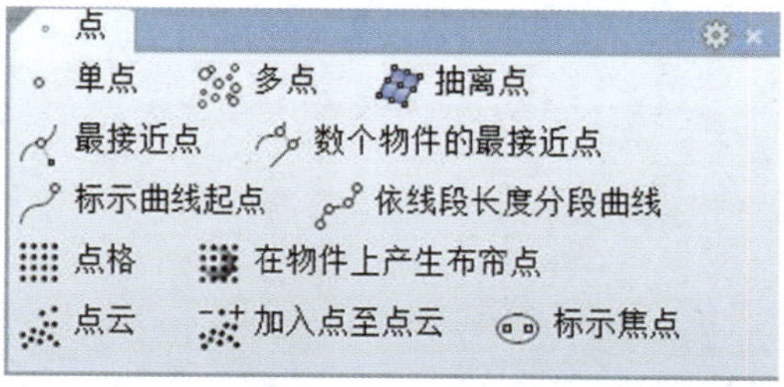

图 3-7　点命令和相关用法

3.2.1　打开点/关闭点 

此命令用于显示或关闭曲线/曲面的控制点，显示控制点后对控制点进行编辑，改变曲线的形状来满足造型需要（见图 3-8、图 3-9）。

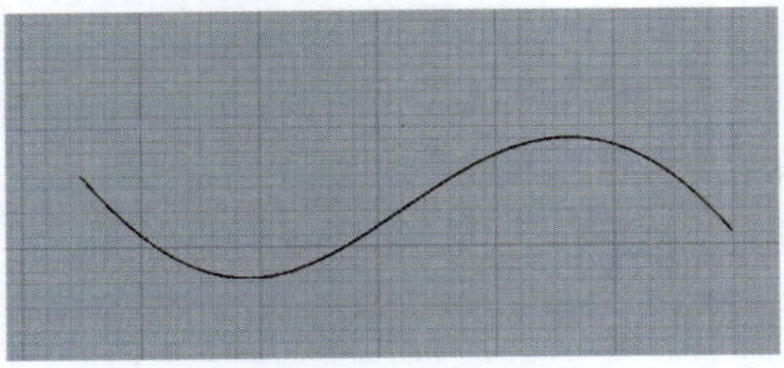

图 3-8　曲线

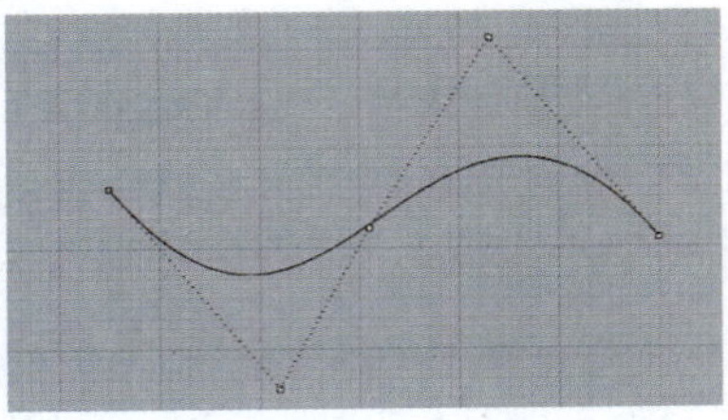

图 3-9　显示控制点

3.2.2　打开编辑点/关闭点

此命令用于显示曲线上由节点平均值计算得到的点(见图 3-10、图 3-11)。编辑点并不是节点。编辑点和控制点非常类似,但编辑点是位于曲线上的,而且移动一个编辑点通常会改变整条曲线的形状(移动控制点只会改变曲线某一范围内的形状)。编辑点适用于需要让一条曲线通过某一个点的情况,而编辑控制点可以改变曲线的形状,同时保持曲线的平整度。

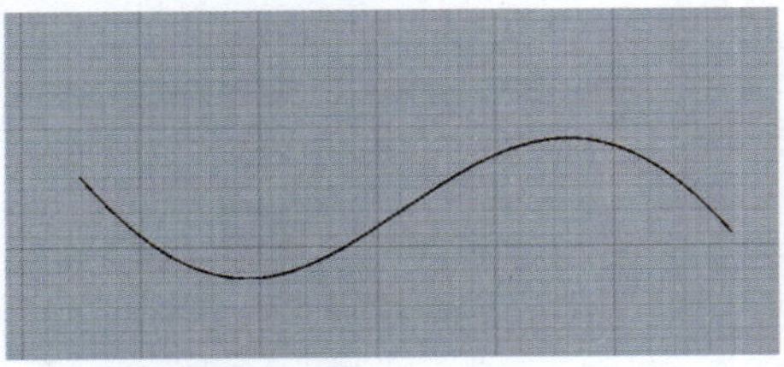

图 3-10　曲线

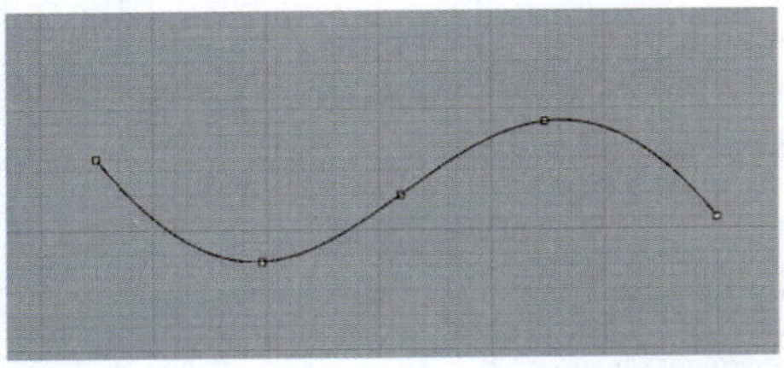

图 3-11　打开编辑点

3.2.3　插入一个控制点

选择一条曲线后,指定要加入一个控制点的位置,可在曲线上加入控制点;选取一个曲面后,指定要加入一排控制点的位置,可在曲面 U 或 V 方向上插入控制点。插入控制点后会改变曲线或曲面的形状,如图 3-12、图 3-13 所示。

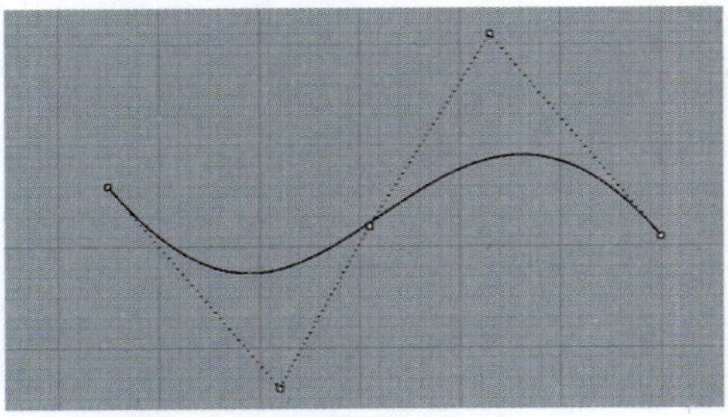

图 3-12　插入控制点前

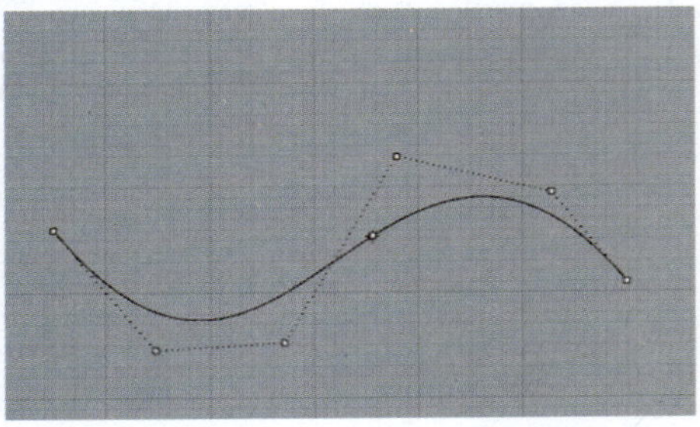

图 3-13　插入控制点后

3.2.4　删除曲线上一个控制点

删除曲线上的一个控制点或者曲面上的一排控制点,删除控制点会影响曲线或曲面的形状。

3.2.5 插入节点

在曲线或曲面上插入节点,插入节点会增加控制点,但不会改变曲线或曲面的形状(见图3-14、图3-15)。

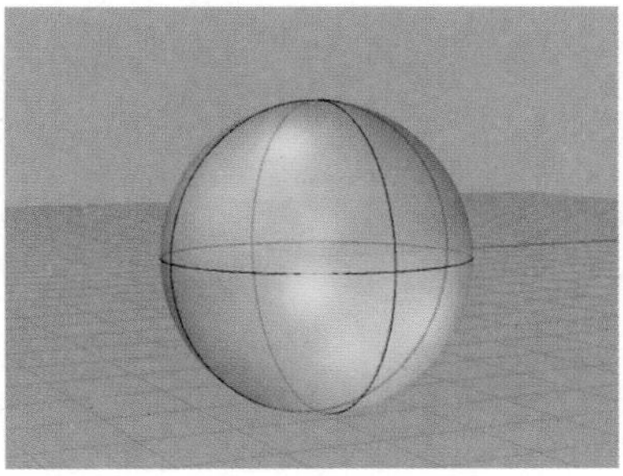

图3-14 插入节点前

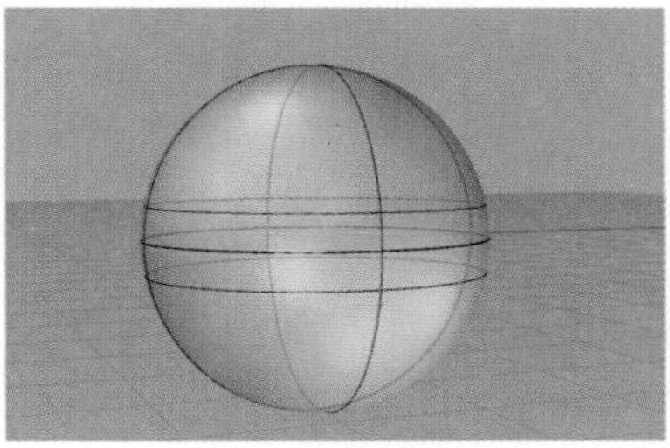

图3-15 插入节点后

3.2.6 删除节点

从曲线或曲面上删除节点。

3.2.7 插入锐角点

在曲线上插入锐角点。在如图3-16所示的曲线上插入锐角点(见图3-17),移动插入点后效果如图3-18所示。

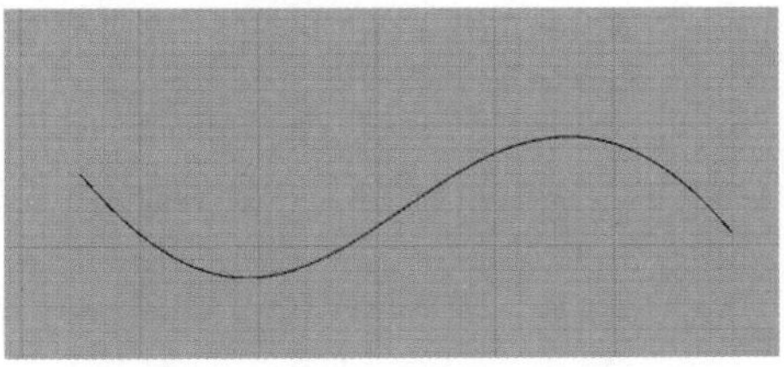

图3-16 曲线

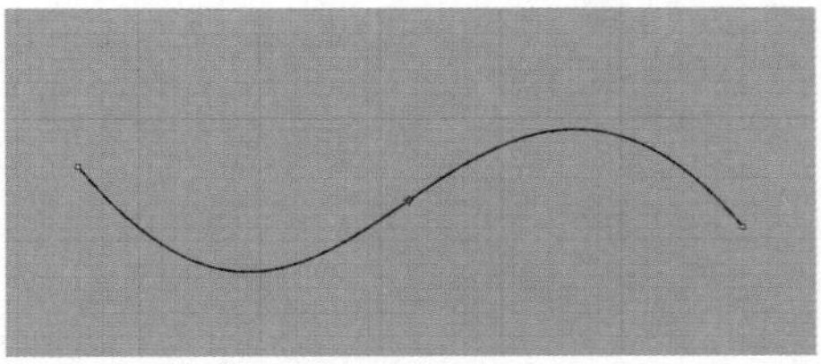

图3-17 插入锐角点

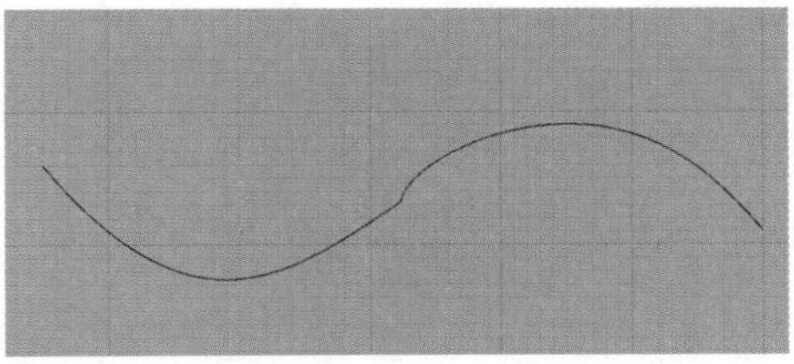

图3-18 移动插入点

3.3 曲线绘制

Rhino可以绘制任何形状的线条,如直线、圆弧、圆、椭圆和自由曲线。

3.3.1 直线绘制

Rhino 中的直线绘制命令及用法如图 3-19 所示。

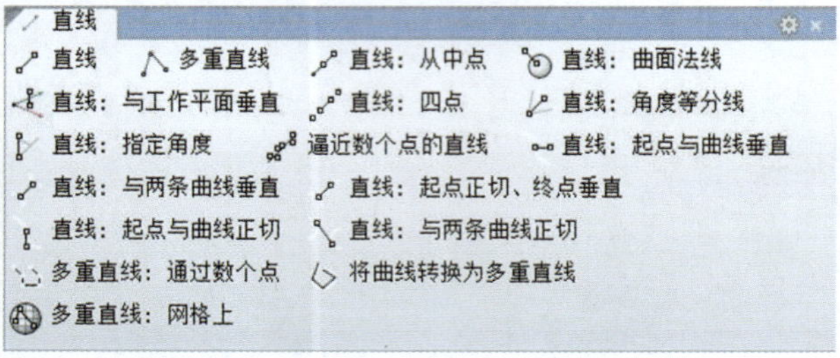

图 3-19　直线绘制命令及用法

3.3.1.1　**直线**

画出一条直线，一般作为辅助线。可以按住 Shift 键或开启正交模式绘制出垂直或水平的线。绘制直线的步骤如下：指定直线的起点，再指定直线的终点，即可完成直线的绘制。指定点时可以使用“物体锁定”锁定已存在的物体，或者确定起点后，通过指定长度和方向来确定下一点的位置。

3.3.1.2　**多重直线**

画出一条由数条直线线段或曲线线段组合而成的多重直线或多重曲线。此工具经常被使用，可绘制物体轮廓线或辅助线。选择命令行选项中的“模式为直线”或“模式为圆弧”，可绘制直线或圆弧，如图 3-20、图 3-21 所示。也可选择选项中的“持续封闭 = 是”，绘制封闭的多重直线。

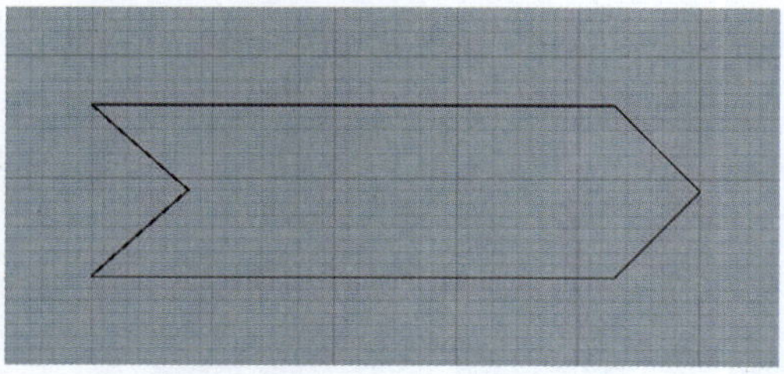

图 3-20　模式为直线

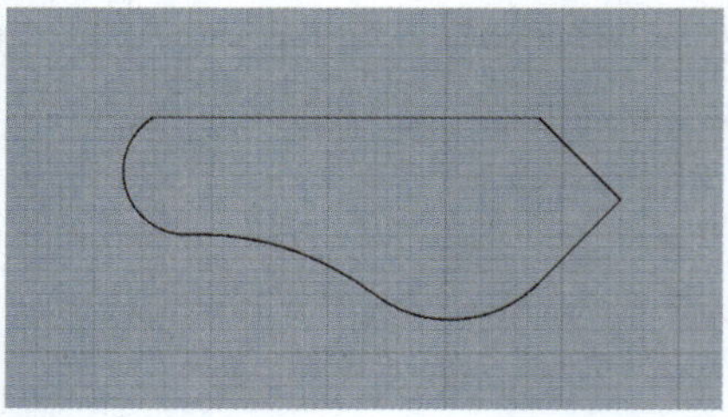

图 3-21　模式为圆弧

3.3.1.3　**直线：从中点**

从中点向两侧绘制对称的直线（见图 3-22、图 3-23）。

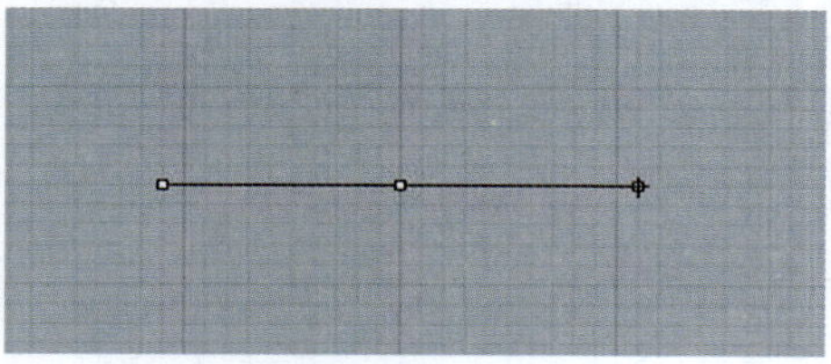

图 3-22　绘制中

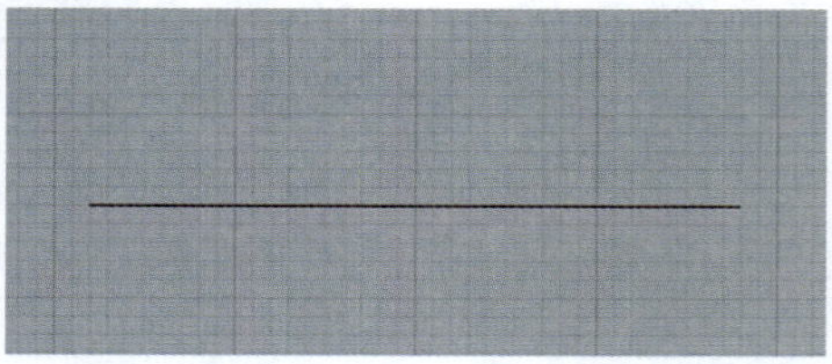

图 3-23　绘制后

3.3.2 曲线绘制

Rhino 中的曲线绘制命令及用法如图 3-24 所示。

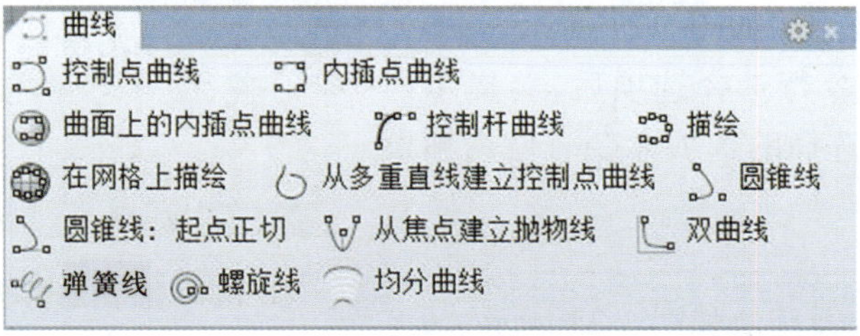

图 3-24　曲线绘制命令及用法

说明如下：

（1）绘制 CV 曲线（Curve）：CV 点是影响曲线造型的点，绘制 CV 曲线命令是 NURBS 曲线造型的最常用命令。

（2）绘制 EP 曲线（InterpCrv）：直接绘制曲线的内插点，是影响 NURBS 造型的主要因素。

（3）控制杆曲线（HandleCurve）：其造型方式和 Photoshop 上的钢笔工具一样，很好理解。

这三个工具应该是我们进行曲线造型的最主要工具。我们发现使用绘制 CV 曲线命令非常难以控制，而使用绘制 EP 曲线命令却能很好地控制曲线走向。它们有什么内在区别？为何我说绘制 CV 曲线命令是 NURBS 曲线造型的最常用命令？我们后面会深入分析 NURBS 曲线的内在特征。

（4）在曲面上绘制 EP 曲线（InterpCrvOnSrf）：在曲面上绘制内插点曲线，得到的曲线是处于曲面上的曲线，这个工具也非常常用，如图 3-25 所示。

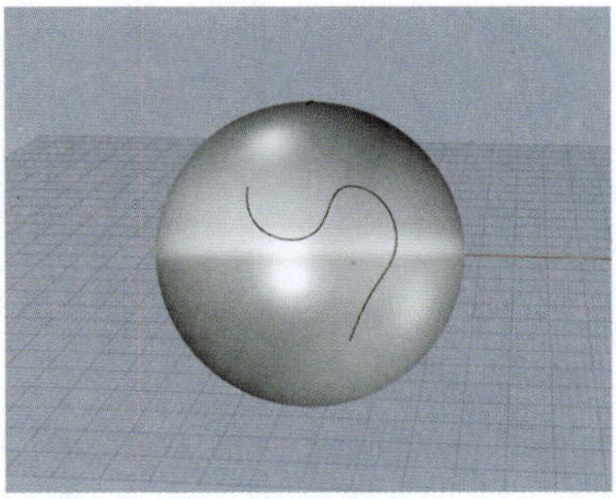

图 3-25　在曲面上绘制 EP 曲线

（5）绘制圆锥曲线、抛物线、双曲线：这几个命令绘制的都是数学意义上的二次曲线。也请大家简单回忆一下高中数学学到的常见曲线方程、曲率和曲线“阶”的知识，以后会用到这些知识。

（6）绘制螺旋线：前者所绘螺旋首尾等半径，后者所绘螺旋首尾半径可不等。使用此命令绘制的螺旋体如图 3-26 所示。

关于曲线的命令就讲到此。对曲线的应用是 Rhino 建模的核心之一，请大家在现在的练习和以后的使用中逐渐体会。

3.3.3 其他封闭几何体的绘制

3.3.3.1 圆

圆的绘制命令及用法如图 3-27 所示。

绘制圆时，在命令行选择选项后，会提示下一步该如何操作，未选择的选项命令会使用预设的选项。

3.3.3.2 椭圆

椭圆的绘制命令及用法如图 3-28 所示。

绘制椭圆时，选择合适的绘制方式后，按照提示进行下一步操作，即可完成椭圆的绘制。

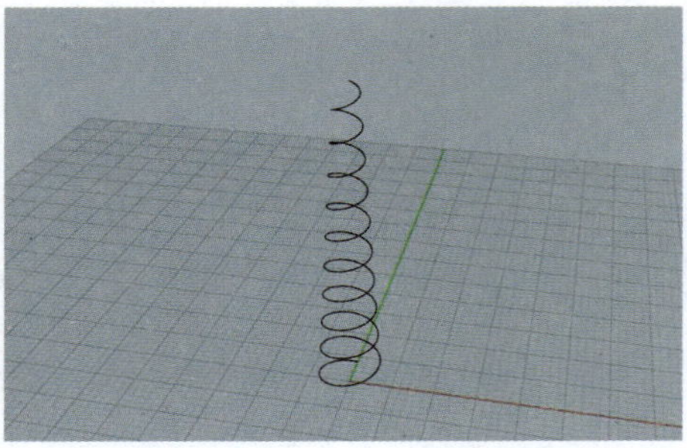

图 3-26　使用绘制螺旋线命令得到的螺旋体（配合 Pipe 命令）

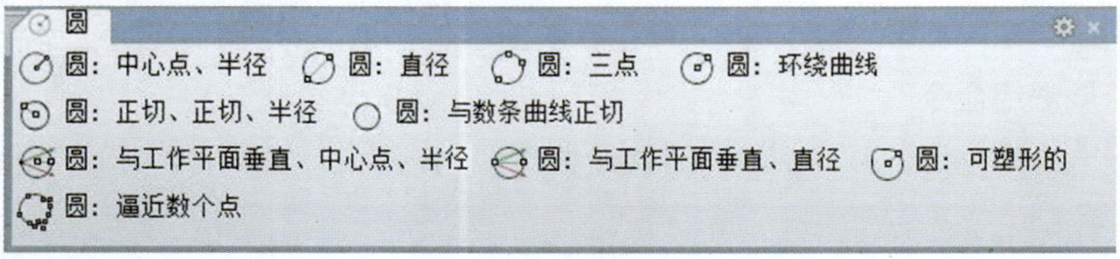

图 3-27　圆的绘制命令及用法

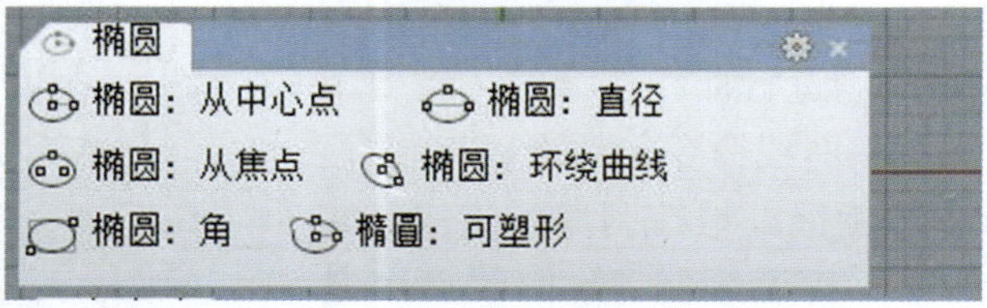

图 3-28　椭圆的绘制命令及用法

3.3.3.3 圆弧

圆弧的绘制命令及用法如图 3-29 所示。

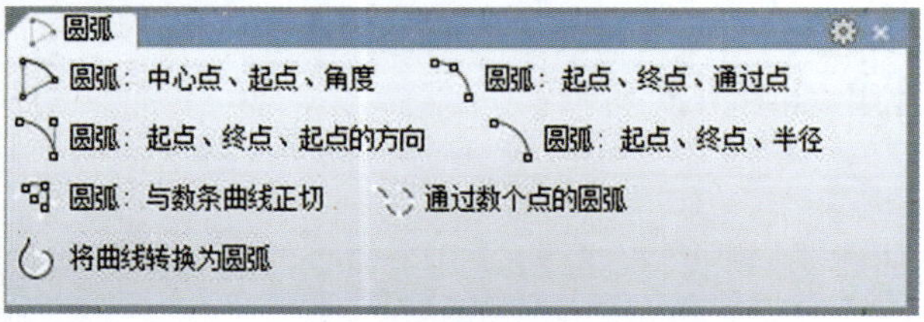

图 3-29　圆弧的绘制命令及用法

3.3.3.4 矩形

矩形的绘制命令及用法如图 3-30 所示。

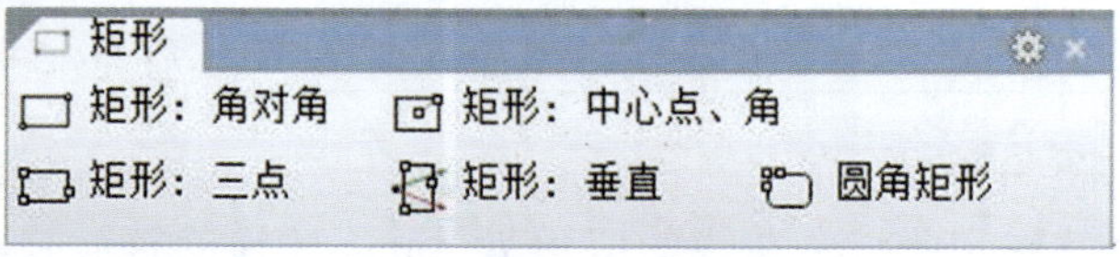

图 3-30　矩形的绘制命令及用法

3.3.3.5 多边形

多边形的绘制命令及用法如图 3-31 所示。

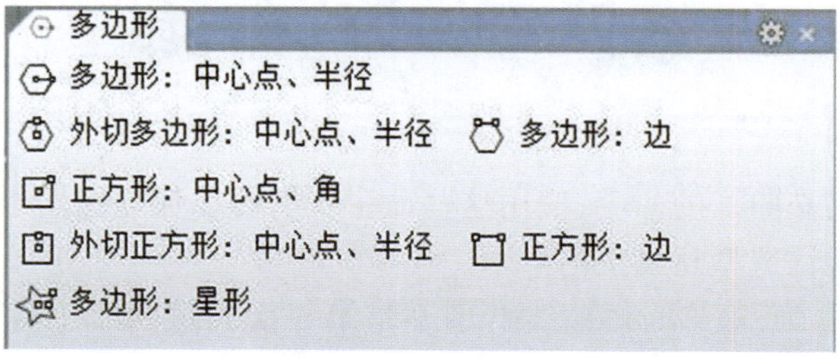

图 3-31 多边形的绘制命令及用法

命令使用很简单,就不多讲了。

另外,Rhino 支持文字输入,可以转换为三种对象:曲线、曲面、实体。非常简单,也不多讲了。Rhino 建立的曲线文字如图 3-32 所示。

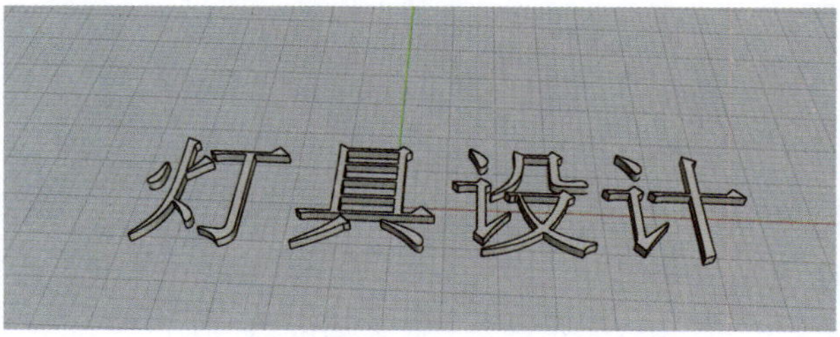

图 3-32 Rhino 建立的曲线文字

第四章　2D 编辑

上一章介绍了建立曲线的命令，使用这些命令我们可以建立任何形状的曲线，包括数学意义上的或者单纯视觉造型意义上的。

事实上，在 Rhino 中，很多时候曲线造型不是第一次通过曲线工具生成的，而是通过各种曲线编辑工具调整和修改出来的。

本章中我们来学习各种曲线编辑工具的运用，重点为对于 NURBS 曲线的理解，理解了 NURBS 曲线的内在原理，任何造型对你来说都将不成问题了。

4.1　曲线编辑

4.1.1　曲线的分割和修剪

图 4-1　分割和修剪工具

分割和修剪工具如图 4-1 所示。分割和修剪工具不仅适用于曲线，而且适用于曲面。

注意它们不适用于以下对象：多重曲面、实体和网络。同时，对于分割和修剪工具你在一开始也最好理解下面一点。

分割和修剪对于曲线和曲面产生的意义是不一样的：被分割和修剪的曲面其实质是被"隐藏"，而被分割和修剪的曲线其实质是被"抹掉"。

理解这点可以帮助你在日后建模中避免许多错误。

例如，我们把一个曲面用一条直线分成两部分，如图 4-2 所示。

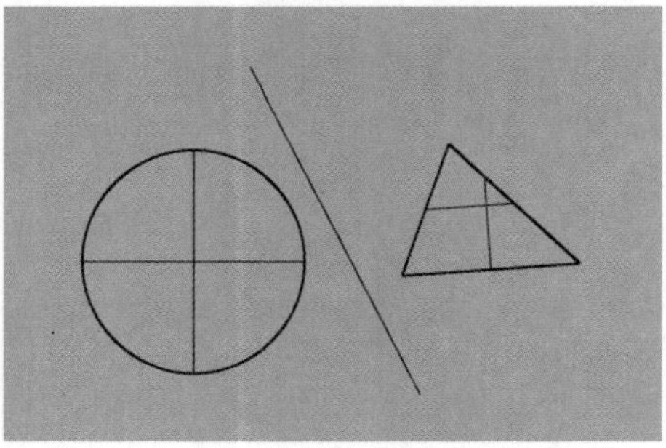

图 4-2　把一个曲面用一条直线分成两部分

我们再分别重建这两个曲面，在重建时取消重新修剪，如图 4-3 所示。

然后我们看到，被分割的两部分最后都被重建成了原来的完整曲面，如图 4-4 所示。

现在可以理解了吧，被分割的曲面实质上是被复制一份出来，然后隐藏掉另外那一部分。

你现在不必进行这些操作，关于曲面部分我们还没讲，但对于分割和修剪工具的实际意义你可以提前理解这一点。

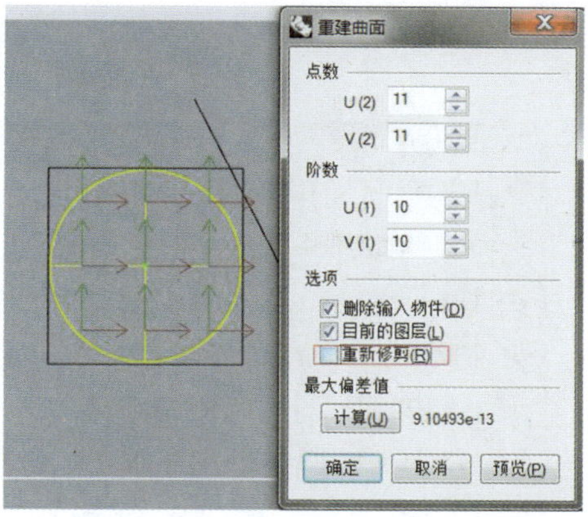

图 4-3　重建曲面

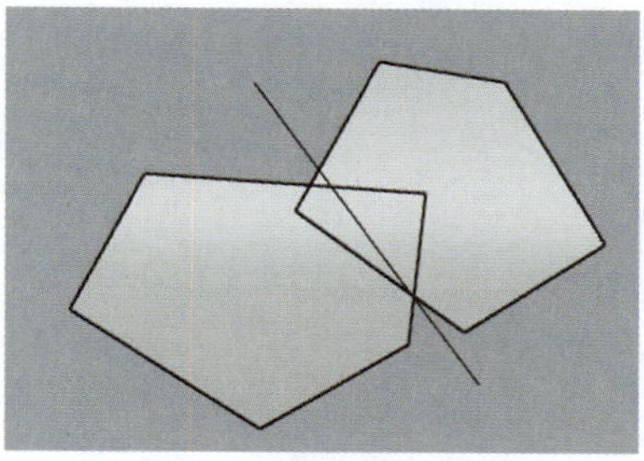

图 4-4　重建曲面结果

下面来看如何分割曲线。

我们只想保留图 4-5 中圆内部的曲线部分，我们点击修剪工具，然后选取分割用的物体，也就是两条曲线，如图 4-6 所示。

然后我们看到，被分割的两部分都被重建成了原来的完整曲面。

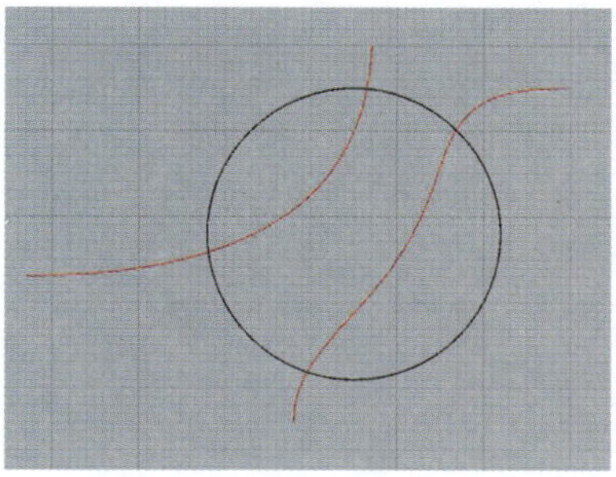

图 4-5　分割曲线举例

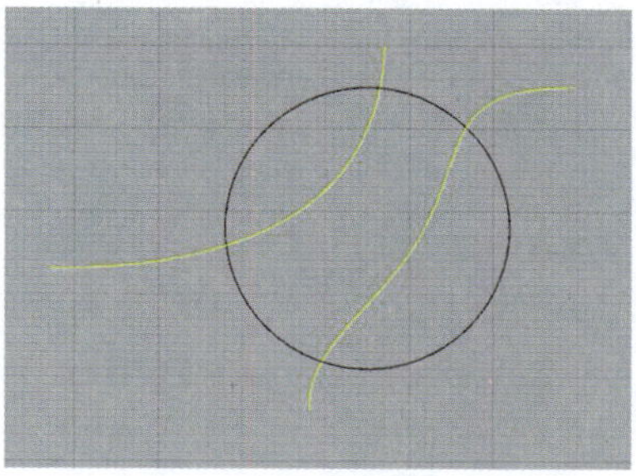

图 4-6　选取分割用的两条曲线

再选取切割用的物体，也就是圆，按 Enter 键，这样这两条曲线就被分割开了，如图 4-7 所示。

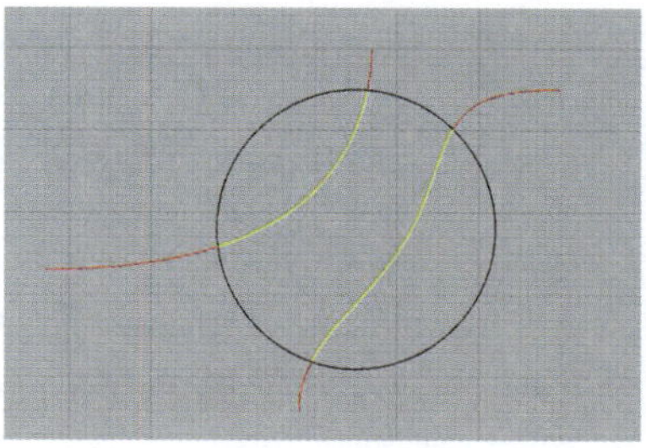

图 4-7　分割后的曲线

修剪工具的用法就不详细介绍了，与分割不同的是，它是先选取切割用的物体，再点击需要被修剪的部分，你现在可以尝试一下。

4.1.2　编辑曲线上的点

前面我们简单了解了曲线上有两种点：控制点（CV 点）、编辑点（EP 点）。

如图 4-8 所示，我们看到 CV 点有些处于曲线上，有些处于曲线外，EP 点则都处于曲线上。

我们只要拖动这些点，就可以改变曲线的造型。另外，我们可以给曲线增加一个 CV 点或者 EP 点，相关命令集如图 4-9 所示。

现在有许多这方面的教材,这些操作也很简单,本书就不多讲了。

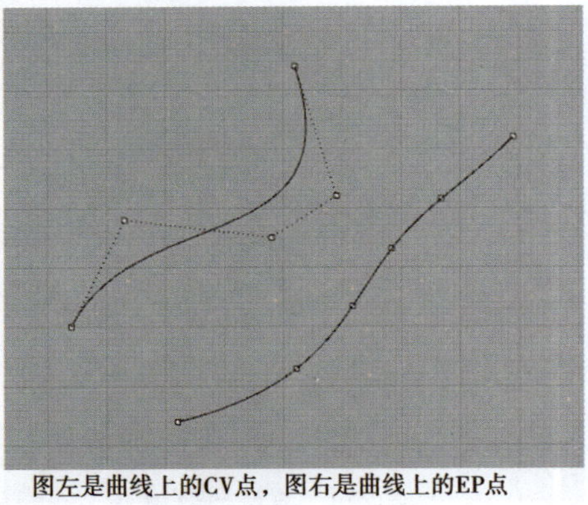

图 4-8　曲线上的 CV 点和 EP 点

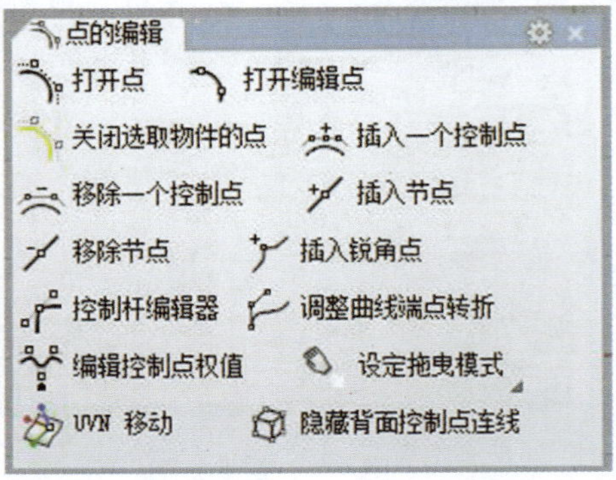

图 4-9　点的编辑命令集

4.2　曲线编辑工具

曲线编辑工具的相关命令在工具栏的位置如图 4-10 所示。

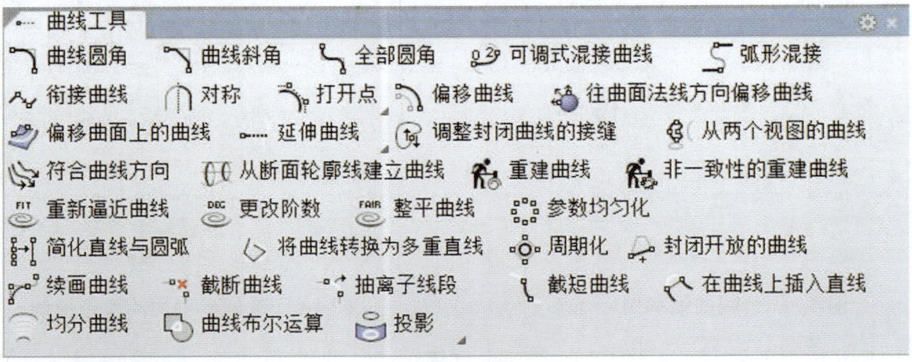

图 4-10　曲线编辑工具

4.2.1　曲线圆角

在两条曲线的交点处以圆弧建立圆角。

对曲线进行圆角操作时,首先选取第一条曲线,选取位置要靠近圆角端点处;然后选取第二条曲线,选取位置也要靠近圆角端点处;在命令操作中设置合适的圆角半径值,选择合适的选项,即可完成曲线的圆角操作,如图 4-11 所示。

4.2.2　曲线斜角

在两条曲线之间以一条直线建立斜角,如图 4-12 所示。

4.2.3　全部圆角

以单一半径在多重曲线或多重直线的每一个角建立圆角。

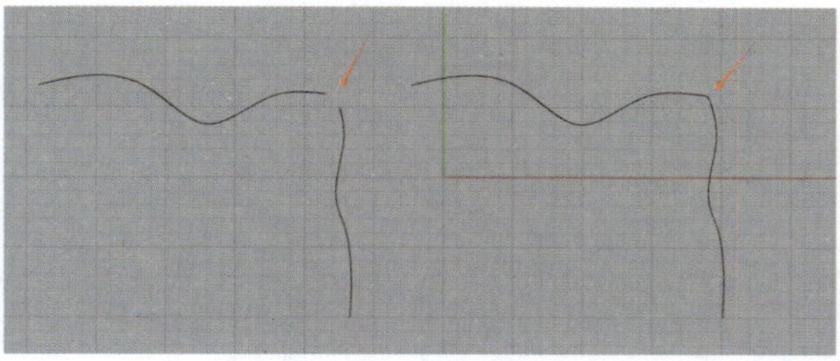

图 4-11 曲线圆角

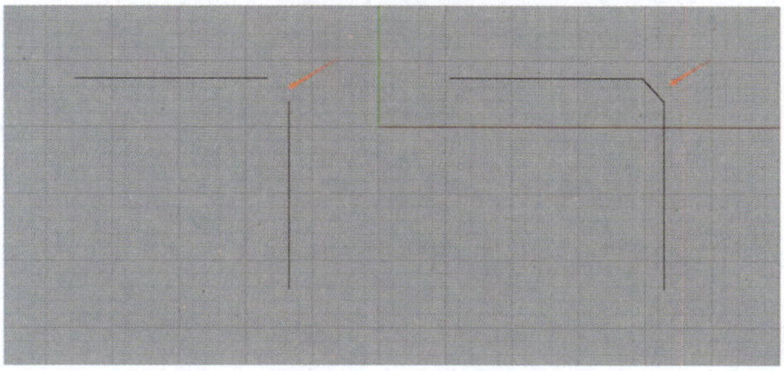

图 4-12 曲线斜角

4.2.4 可调式混接曲线

在两条曲线或曲面边缘建立可以动态调试曲线。两条曲线使用可调式混接曲线命令操作,在“调整曲线混接”的链接性选项中调整,如图 4-13 所示。

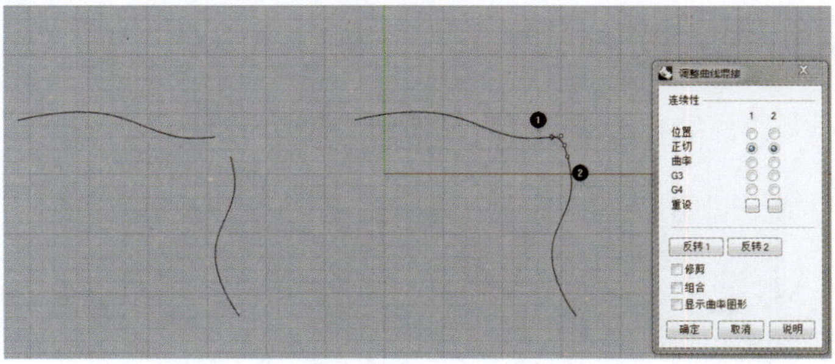

图 4-13 可调式混接曲线

4.2.5 混接曲线

在两条曲线之间建立平滑的混接曲线。不能调整曲线控制点的位置,可设置连续性为“曲率”,位置连续。

4.2.6 衔接曲线

衔接曲线或曲面边缘,如图 4-14 所示。

4.2.7 对称

镜射曲线使两侧的曲线对称。首先选取一条曲线,再指定对称平面的起点和终点,如图 4-15所示。

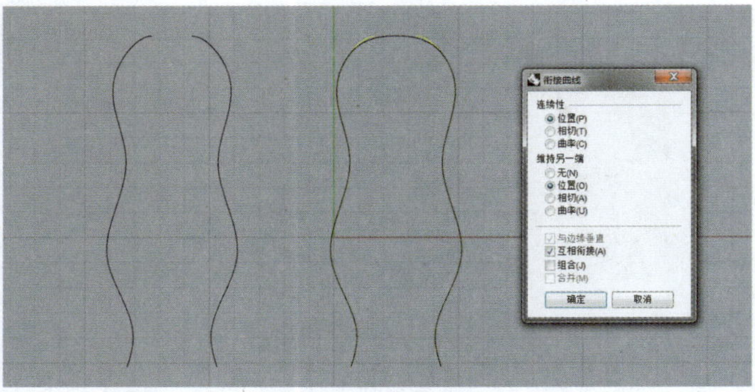

图 4-14　衔接曲线

4.2.8　偏移曲线

将一条直线偏移到指定位置复制，如图 4-16 所示。

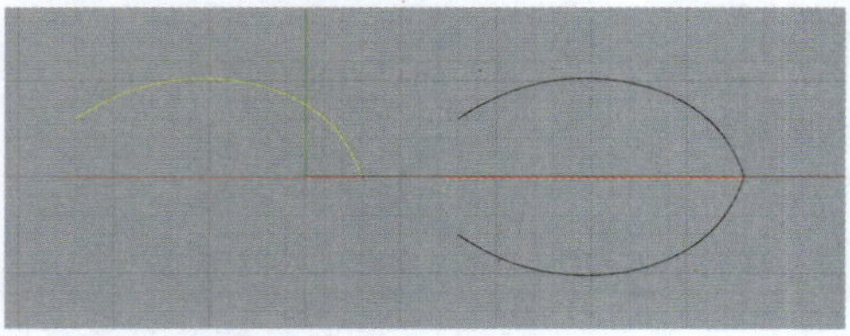

图 4-15　对称

图 4-16　偏移曲线

4.2.9　偏移曲面上的曲线

将曲面上的一条曲线沿着曲面以等距离偏移复制，如图 4-17 所示。

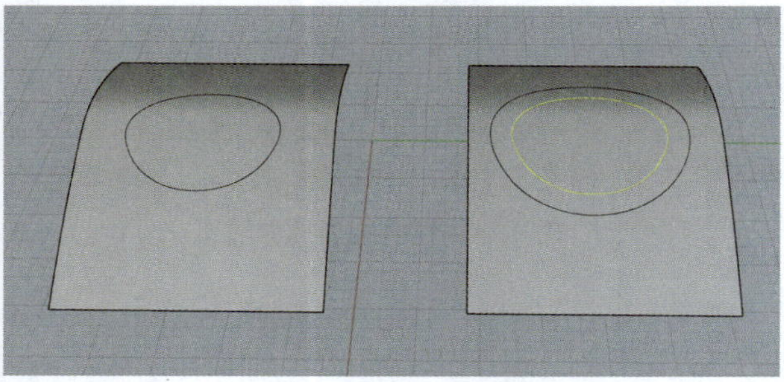

图 4-17　偏移曲面上的曲线

4.2.10　延伸曲线

单击“曲线”工具列中“延伸”图标右下角的白色三角形，会弹出“延伸”工具列，修改工具列属性中“工具列按钮外观”为“显示图示与文字”（见图 4-18），便于查看图标的具体含义。延长曲线至选取边界，以指定长度延长或拖延曲线端点至新的位置（见图 4-19、图 4-20）。

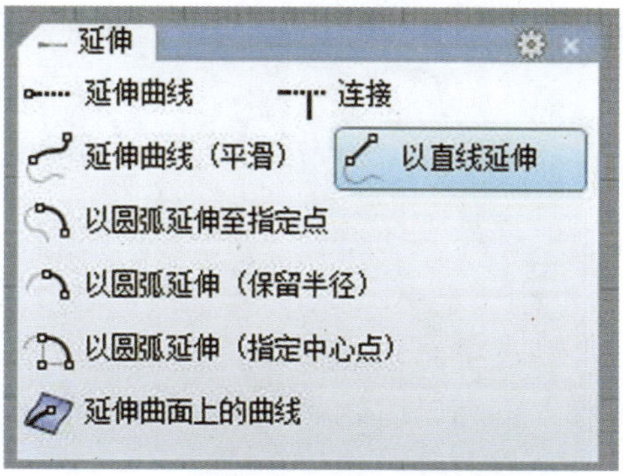

图 4-18　延伸工具集

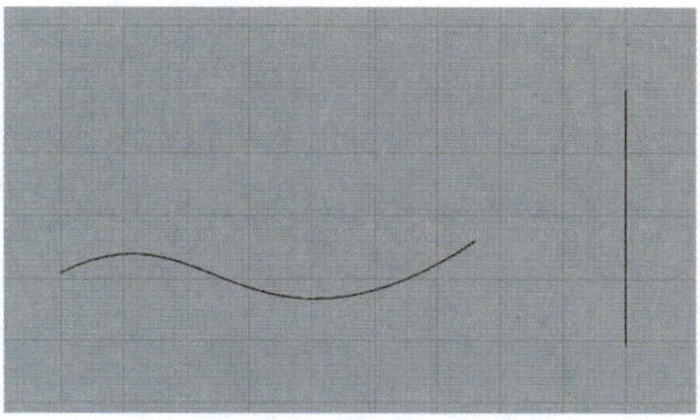

图 4-19　延伸曲线前

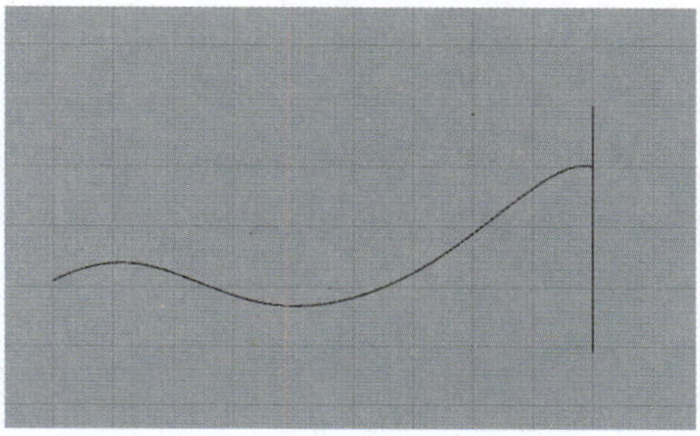

图 4-20　延伸曲线后

4.2.11　从两个视图的曲线 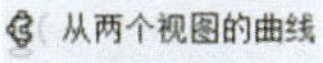

从两条位于不同工作平面上的平面曲线建立一条 3D 曲线，此 3D 曲线在不同视图中的形状会与原来的两条平面曲线吻合。当知道模型的一条轮廓线在不同方向看起来的样子时，可以使用这种方法建立曲线。此命令类似于分别将两个视图中的曲线（见图 4-21）使用"挤出封闭的平面曲线"挤出，如图 4-22 所示，挤出后两曲面的交线就是从两个视图的曲线（见图 4-23）。

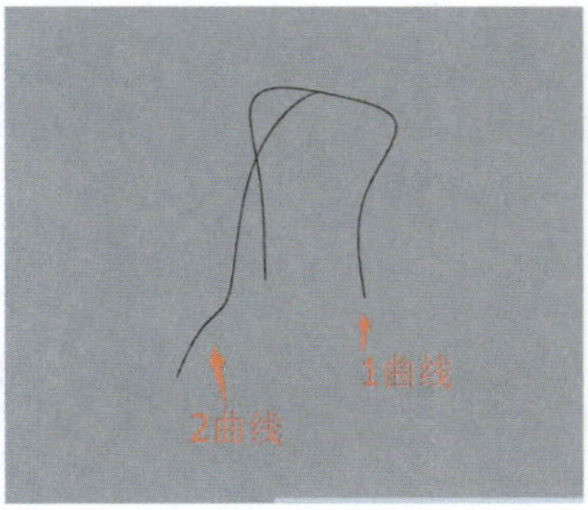

图 4-21　位于两个视图中的曲线

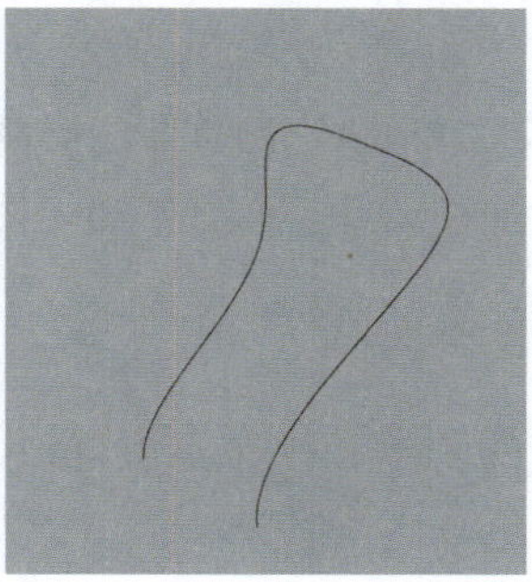

图 4-22　应用"从两个视图的曲线"形成的 3D 曲线效果

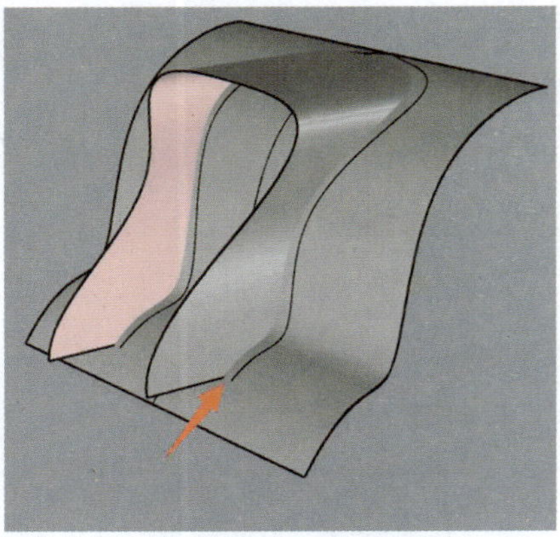

图 4-23 两条曲线分别使用“挤出封闭的平面曲线”挤出后的交线

4.2.12 对齐轮廓线

以曲线的边框方块为依据，调整一条曲线的长度，使其对齐另一条曲线（见图 4-24、图 4-25）。参与工作的所有曲线必须是平面曲线，且它们所在的平面必须和世界工作平面平行。

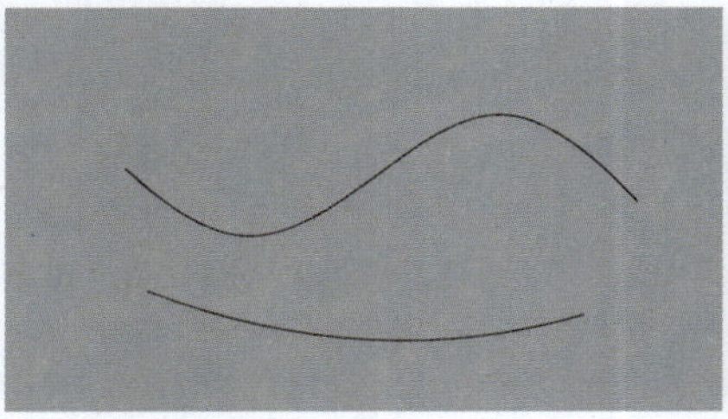

图 4-24 对齐前

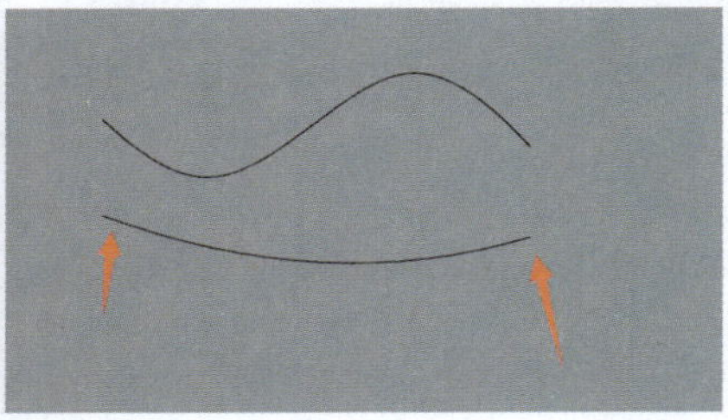

图 4-25 对齐后

4.2.13 从断面轮廓线建立曲线

建立通过数条轮廓线的断面线。在建立数条断面线后，可使用“放样”或其他命令以这些断面线建立曲面。

注意：定义断面平面的直线必须跨越所有被选取的轮廓线，建立分布平均的断面线会有比较好的断面线效果，如图 4-26 ~ 图 4-28 所示。

4.2.14 重建曲线

以指定的阶数和控制点数重建选取的曲线。重建后的曲线或曲面的节点分布会比较平均。

可一次重建一条或数条曲线，所有的曲线都会以指定的阶数和控制点数重建，如图 4-29、图 4-30 所示。

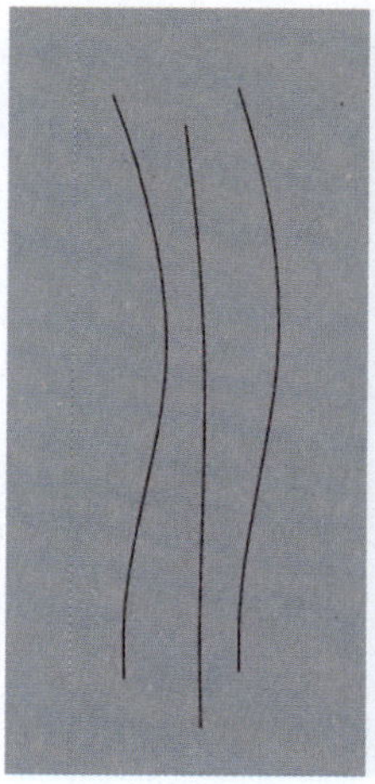

图 4-26　轮廓线

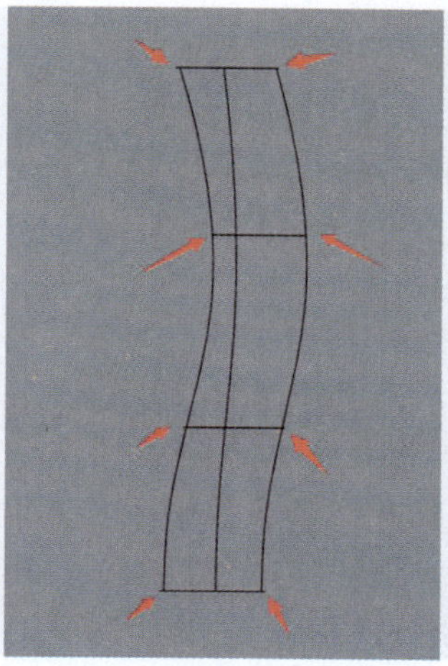

图 4-27　直线

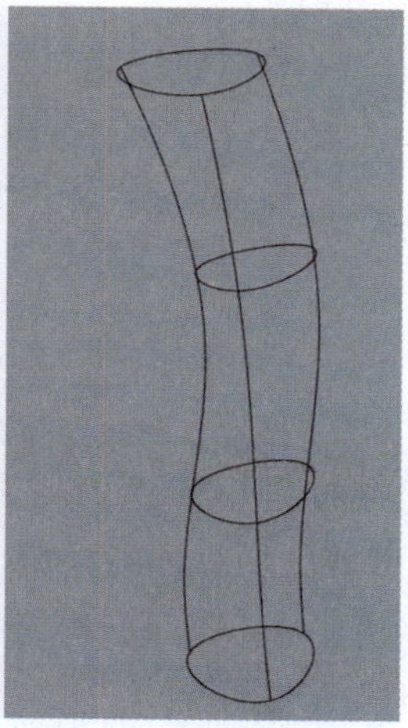

图 4-28　断面线

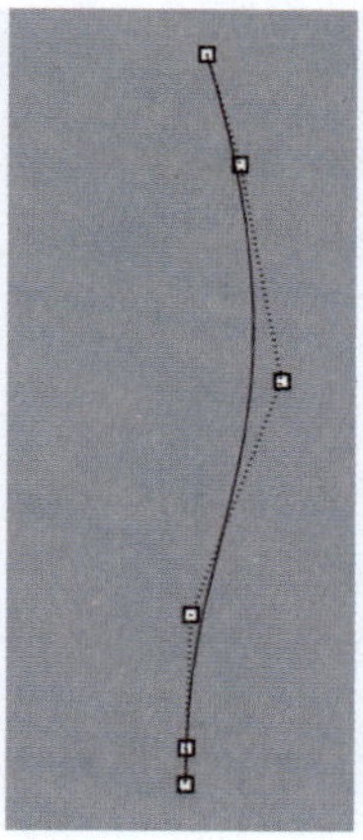

图 4-29　原曲线(点数 6)

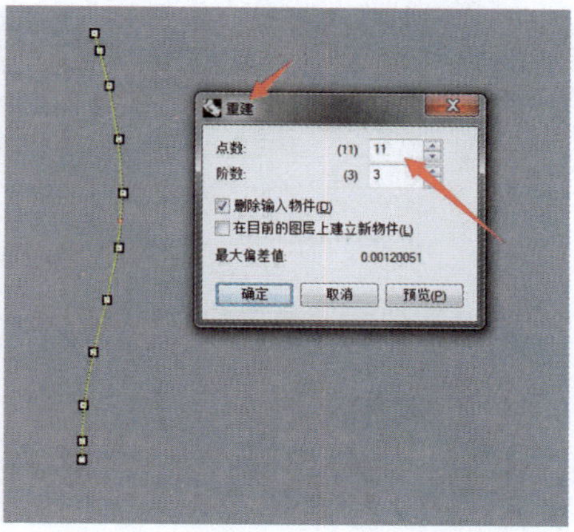

图 4-30　重建曲线(点数 11)

第五章　曲面构建

本章我们终于开始接触 Rhino 真正的建模部分了。一般的建模教程可能一开始就会让你接触基本几何体造型，但 Rhino 是 NURBS 核心的建模工具。前面我们理解了曲线的构成原理，现在再来理解 NURBS 曲面就很容易了，NURBS 曲面实际上就是两个方向上的曲线组合。具体内容我们后面再介绍，下面我们来学习 Rhino 中与曲面相关的命令。

Rhino 中构建曲面的命令集在工具栏中的位置如图 5-1 所示。

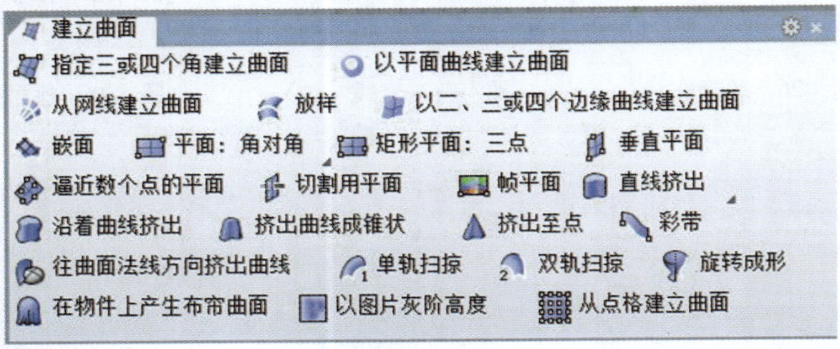

图 5-1　曲面构建工具集

Rhino 拥有几乎所有你能想到的曲面构建方法，还有些是我迄今发现 Rhino 独有的，例如产生帘布曲面、沿路径旋转成曲面等。这些命令的主要功能如下。

Rhino 是以曲面为核心的 3D 造型软件，图 5-1 中列出来的这些命令几乎都很重要，而且都很强大，你以前需要在 Sketchup 中进行很多复杂操作才能做出来的形态，在 Rhino 中往往一两步就可以完成。

但从 Sketchup 这种以 Polygon 为核心的建模软件转换到 Rhino 这种以 NURBS 为核心的建模软件，你可能还需要一个建模思维上的转换，请在学习这些工具的应用和练习时逐渐体会这一点。

本章要讲到的曲面构建命令主要有以下一些：

(1)创建方形平面。

(2)绘制简单曲面。

(3)拉伸曲面。

(4)放样。

(5)扫掠。

(6)旋转。

5.1　创建方形平面

尽管这个命令很简单，但作为建筑学建模它恐怕是最常用的。

相关命令及主要功能如下：

这些命令非常简单,注意创建这类平面时我们可以选择参数D,创建出的这类平面可以利用CV点进行造型。

我们单击(Plane)命令,选择参数D,可以调节U和V两个方向上的节点数。我们可以使用打开CV点命令打开曲面的CV点阵,对平面表面进行造型(见图5-2)。

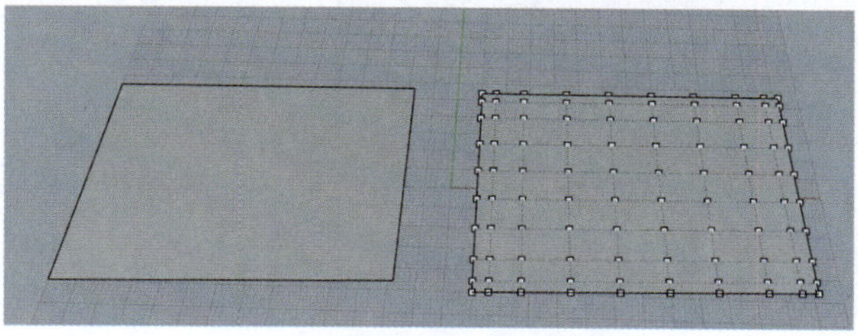

图5-2 创建方形平面

5.2 绘制简单曲面

(1)三点或四点建立曲面:点击工具(SrfPt),在建模区选择三点或者四点可建立一个曲面(选点方式和建立一个点一样:键盘输入、单击鼠标一次、按住Ctrl键单击鼠标两次),如图5-3所示。

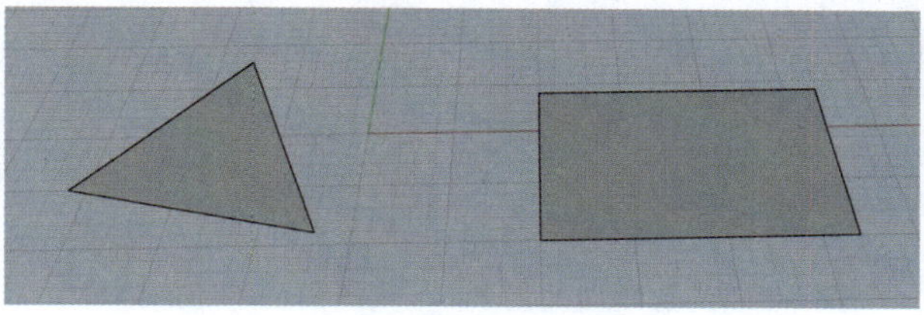

图5-3 三点或四点建立曲面

(2)选择曲线建立曲面(EdgeSrf):选择2条、3条或者4条曲线建立一个曲面。注意:这个命令中曲线可以是不封闭的,如图5-4所示。

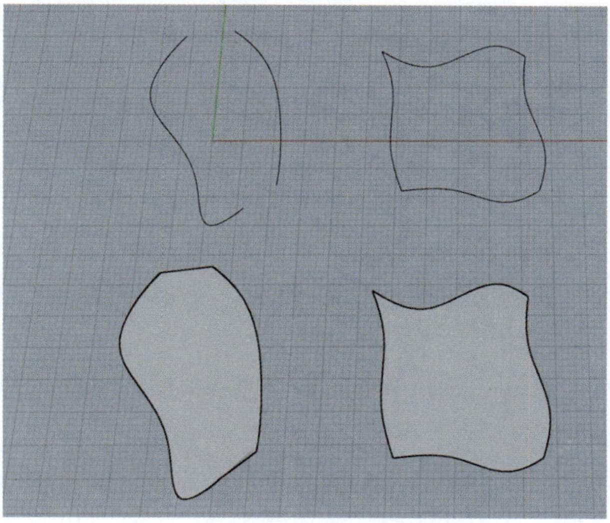

图5-4 封闭和不封闭曲线建立曲面

(3)封闭曲线构建曲面(PlanarSrf):这个功能可以构建由曲线组合形成的封闭空间,因此我们使用它来开洞很容易,如图 5-5 所示。

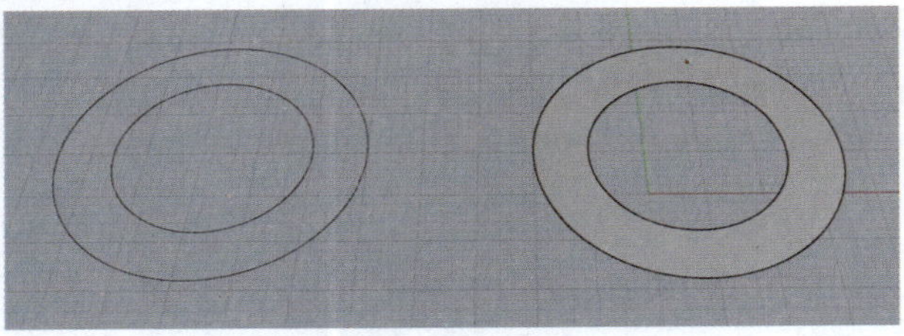

图 5-5 使用 PlanarSrf 进行开洞

命令(Patch)却不那么好用,在构造未封闭曲线时还会超出边界,如图 5-6 所示。

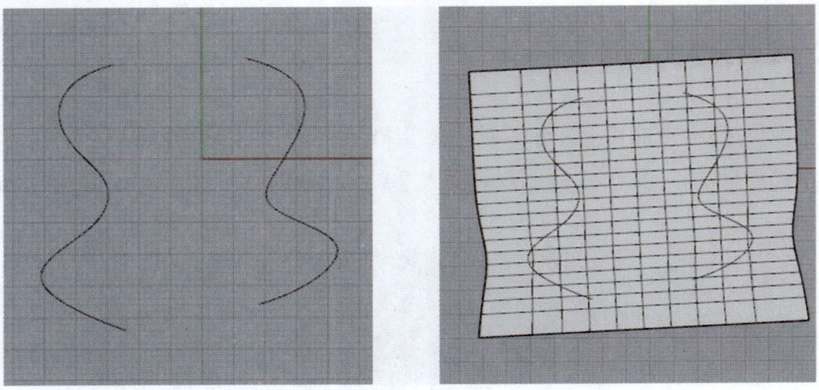

图 5-6 未封闭曲线用 Patch 构建曲面时超出边界

Rhino 中的 Patch 命令相对简单,而且和上面其他工具好像有重复之嫌(其实不是,后面会讲到它们的区别)。但这并不能成为 Rhino 的瑕疵,因为 Rhino 还有很多强大的工具。

5.3 拉伸曲面

当你有了曲线生成曲面的建模思维时,拉伸也许会成为你最常用的建模工具。拉伸相关的工具集及功能讲解如下。

(1)沿工作平面垂线拉伸(ExtrudeCrv):最基本的拉伸方式,如果有了平面图,你可以快速地利用这个工具把平面给立起来,如图 5-7 所示。

(2)沿曲线拉伸(ExtrudeCrvAlongCrv):沿着一条曲线的路径拉伸所选曲线,如图 5-8 所示。

(3)拉出到一个点(ExtrudeCrvToPoint):将曲线拉伸到一个点,例如我们用此命令快速建立一个金字塔(见图 5-9)。

(4)拉出成锥状(ExtrudeCrvTapered):这个命令的特色在于它的参数,你可以调节拔模角度为负数,那么它可以是一个倒锥状(不能为 0),而且可以更改 O 参数为圆角(见图 5-10、图 5-11)。

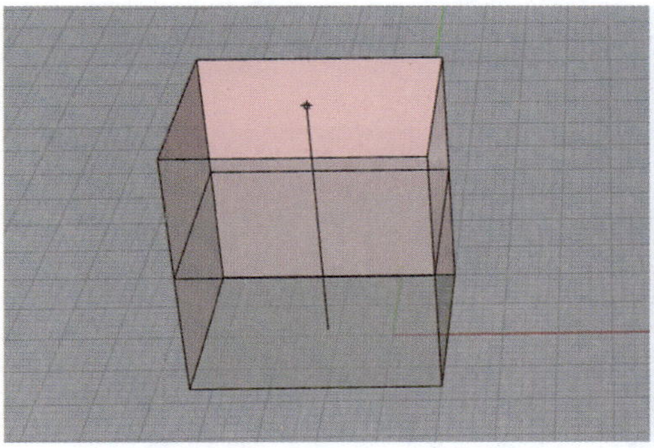

图 5-7　拉伸方形曲线

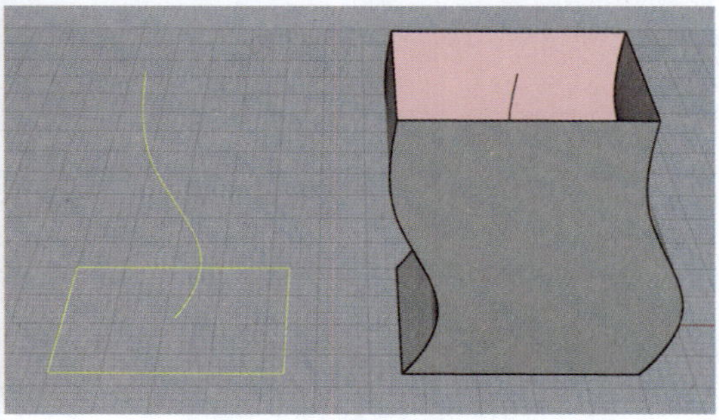

图 5-8　沿曲线拉伸方形曲线

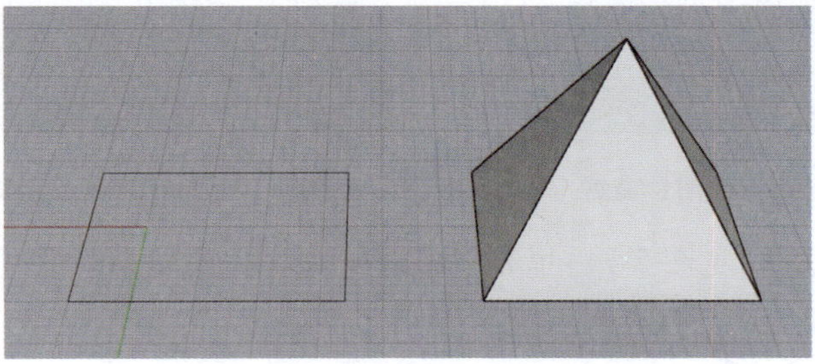

图 5-9　拉出到一个点

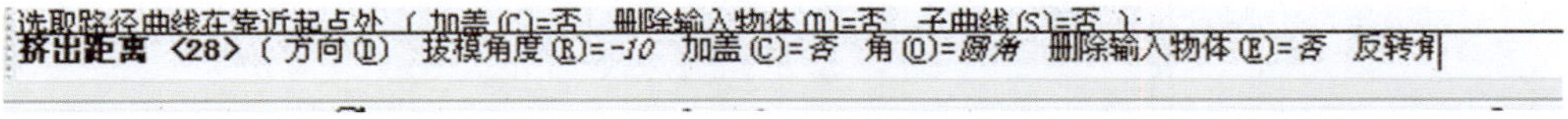

图 5-10　拉出成锥状

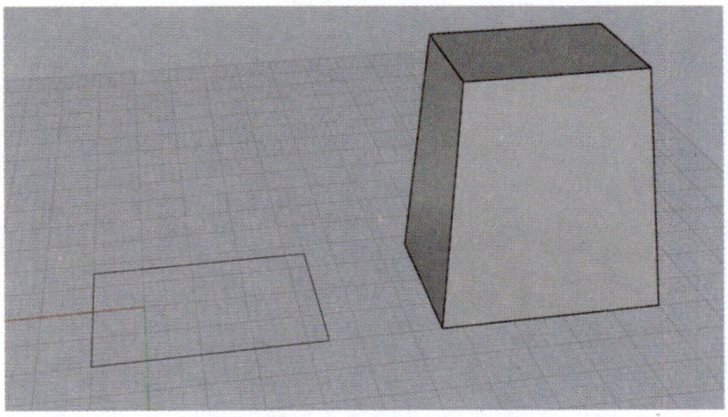

图 5-11　沿锥状拉出,拔模角度为负数

5.4　放样

放样(Loft)的功能是穿过一系列连续的曲线形成曲面,这是一个功能很强大的工具。我记得有位老师讲课时说道:Rhino 中有一个命令,可以一下子把圆形和方形连接起来,他说的这个工具就是 Loft。

我们先来尝试下面这个例子,先建立一个圆形和方形闭合曲线,如图 5-12 所示。

在选择 Loft 命令之后,Rhino 会让我们选择上下连接的基准点,如图 5-13 所示。若是偏一下我们还可以得到扭曲的效果。

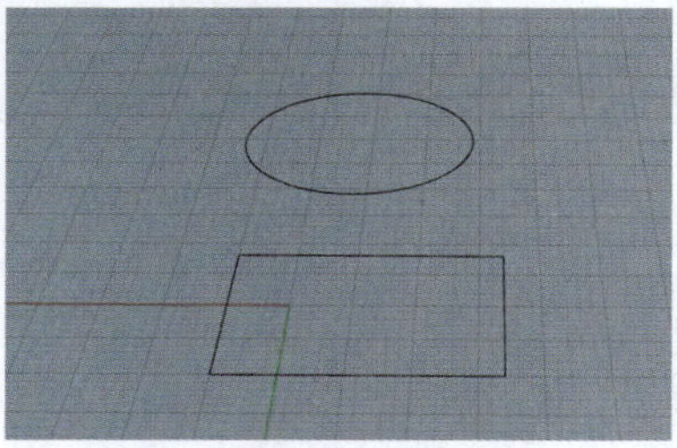

图 5-12　建立圆形和方形闭合曲线

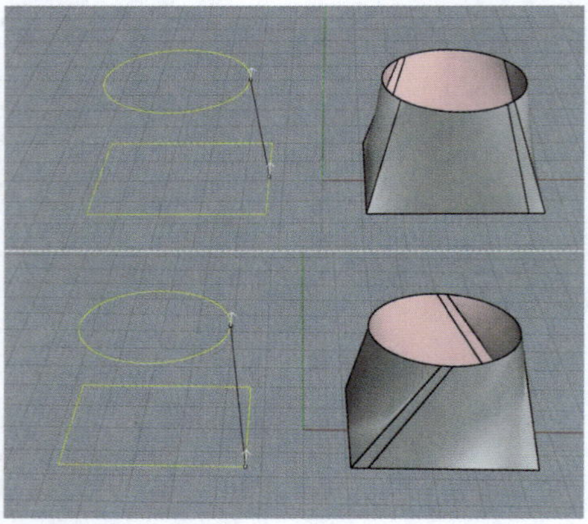

图 5-13　Loft 命令改变放样基准点

“放样选项”对话框(见图 5-14)里有很多选项,利用“预览”键,你可以看到这些选项会在模型中发生何种变化。

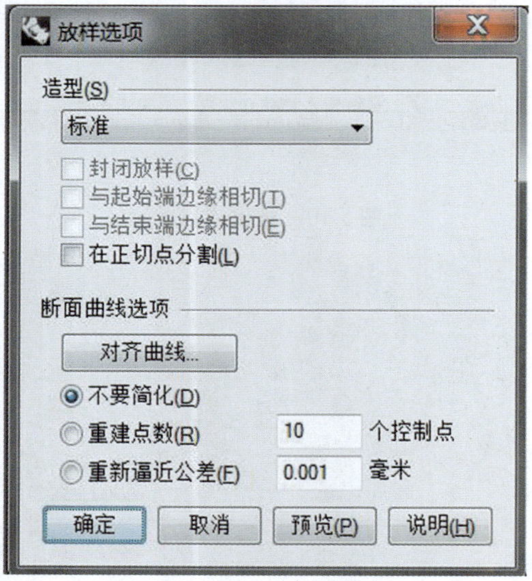

图 5-14　“放样选项”对话框

5.5　扫掠

扫掠工具有两个,即单轨扫掠和双轨扫掠,它们的功能也非常强大。我们来看看其用法。

(1)单轨扫掠(Sweep1):其实它也是一种放样形式。让一条曲线扫过另一条曲线形成曲面。

有人会问:那它和沿曲线拉伸出曲面有何区别?请看下面一个例子。

如图 5-15 所示，中间是使用单轨扫掠得到的模型，右边是使用曲线拉伸得到的模型。现在你可以理解了，单轨扫掠这个命令可以让断面曲线绕路径曲线旋转，其实质是断面曲线与路径曲线切线的角度保持不变。而沿曲线拉伸，被拉伸曲线不会发生自旋转。请注意这两个命令的差别。

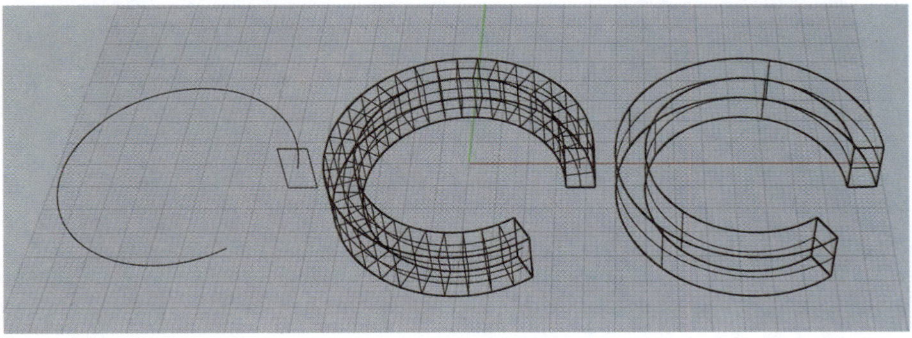

图 5-15　单轨扫掠举例

另外，单轨扫掠不仅仅这么简单，它还支持类似 Loft 的很多断面扫过一条路径曲线，如图 5-16 所示。

点击 Sweep1 命令，先选取路径，再依次选取从上到下的三个截面，模型就神奇地生成了（见图 5-17）。

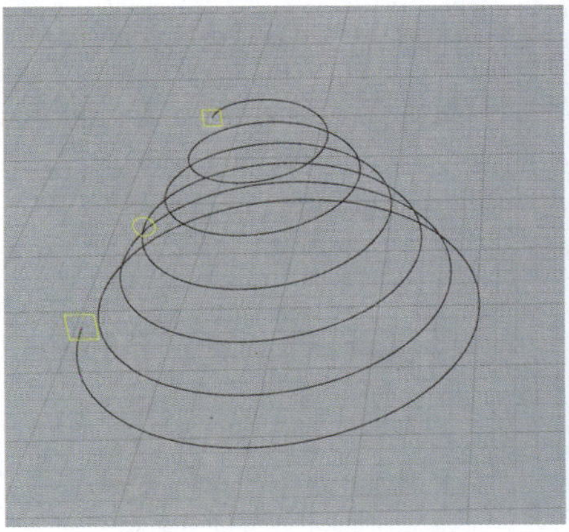

图 5-16　需要扫掠的曲线和截面

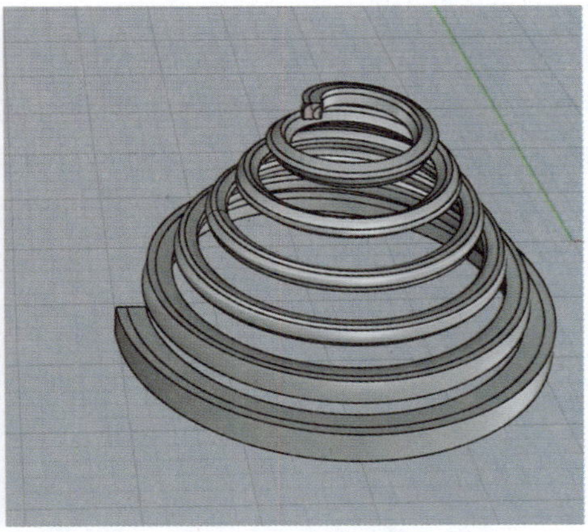

图 5-17　模型

（2）双轨扫掠（Sweep2）：Sweep2 命令提供了两个扫掠路径，可以生成更加复杂的曲面。

我们来建立一个异型高层建筑。

建立如图 5-18 所示的曲线，两个垂直方向上的曲线即是我们的扫掠路径。

点击 Sweep2 命令，先选择扫掠路径，再依次从下往上选择三根断面曲线，得到如图 5-19 所示的模型。

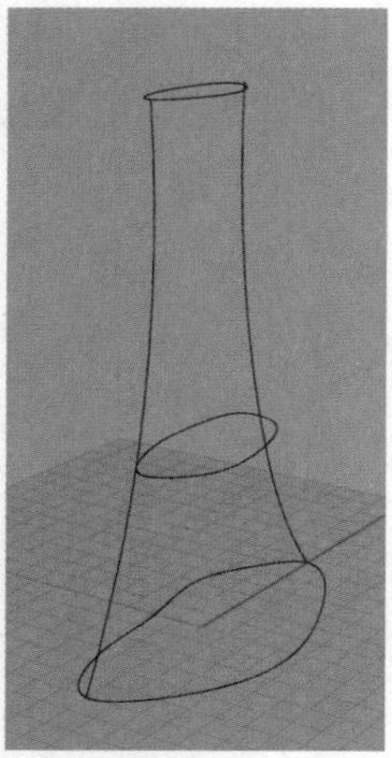

图 5-18　曲线

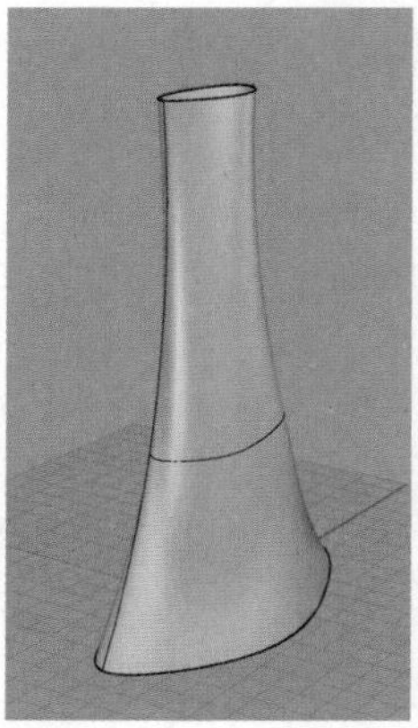

图 5-19　模型

5.6　旋转

旋转命令(Revolve):以一条轮廓曲线绕着旋转轴旋转建立曲面。只要选取曲线,指定旋转轴的起点和终点,再选择旋转选项,即可完成旋转面的创建,如图 5-20 所示。

在旋转的命令行中主要有删除输入物件、可塑形的、360°、设置起始角度和分割正切点等选项。

技巧提示:如轮廓曲线为封闭曲线,且其旋转轴与轮廓曲线部分重叠,必须将轮廓曲线炸开,删除与旋转轴重叠的曲线,才能不产生多余的曲线。

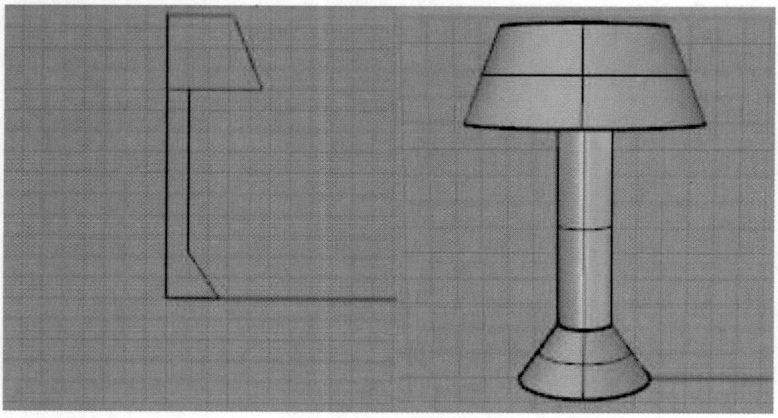

图 5-20　旋转举例

沿路径旋转(RailRevolve):绕旋转轴并沿路径曲线旋转一条轮廓曲线建立曲面。首先选取一条轮廓曲线,然后选取路径曲线,指定旋转轴的起点和终点,根据需要设置选项,即可完成沿路径旋转曲面的创建,如图 5-21 所示。

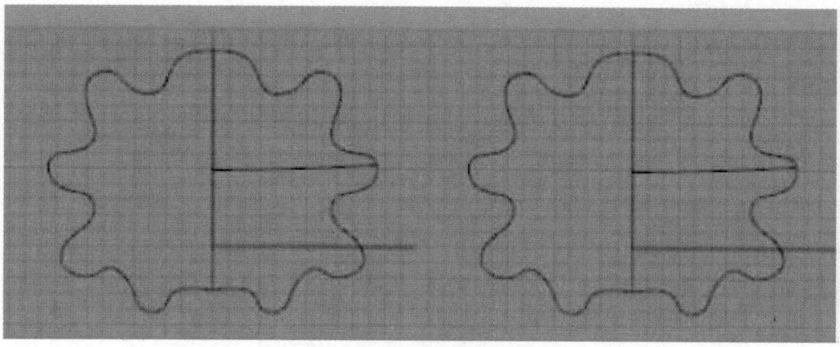

图 5-21　沿路径旋转举例

第六章　曲面编辑

前面介绍了 Rhino 的曲面生成功能,Rhino 真正强大的部分是它对曲面的修改功能。可以说任何模型都不是一次生成的,一个复杂完整的场景模型是对初始造型的不断修改和细化得到的。

Rhino 提供了很多编辑、修改曲面的功能,我平时爱好使用各种各样的软件,就对曲面的修改来说,Rhino 是我见过的三维软件中最为强大的,它几乎涵盖了其他 NURBS 软件的所有功能。下面我们就来学习 Rhino 中的这一部分精髓。

6.1　点的编辑

前面已经讲过曲线上的属性点。对于曲面而言,在 Rhino 中你只能打开 CV 点进行控制,这种类似用手捏橡皮泥的建模手法可以给我们提供很多灵感,譬如在设计初期的造型推敲。

我们来看看一个例子:用 Rhino 建一个鸭子模型。

先建立两个基本模型,分别作为手工玻璃的灯罩,如图 6-1 所示。

然后,打开椭圆体的 CV 点,发现 CV 点权重不同,它们是有理的,曲线上的理论在这里仍然适用,这样的曲面在变形时也不好控制,我们重建椭圆体,先把它变作假球,如图 6-2 所示。

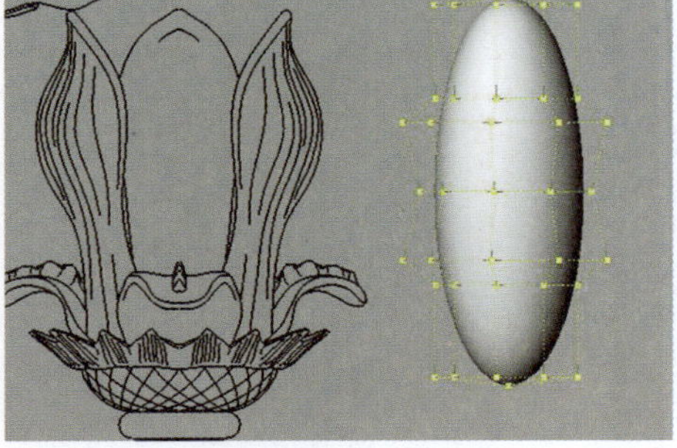

图 6-1　建立基本模型

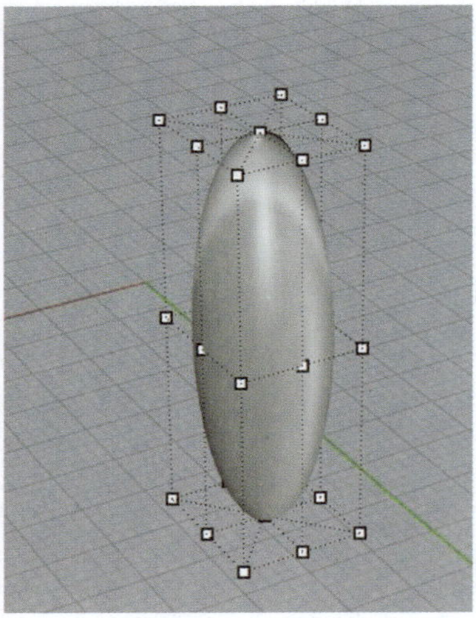

图 6-2　重建椭圆体

选中椭圆体,点击,打开“重建曲面”对话框,重建选项如图 6-3 所示。

重建之后,这两个球体的结构线发生变化,CV 点分布也变得均匀,如图 6-4 所示。

现在我们来逐步拖动曲面 CV 点进行变形,如图 6-5 所示。

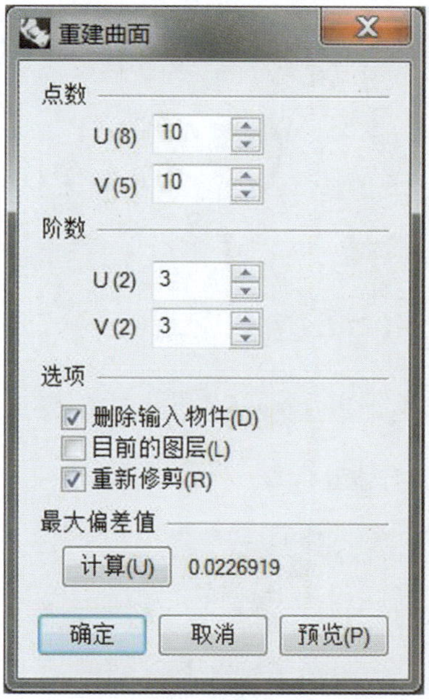

图 6-3 重建选项

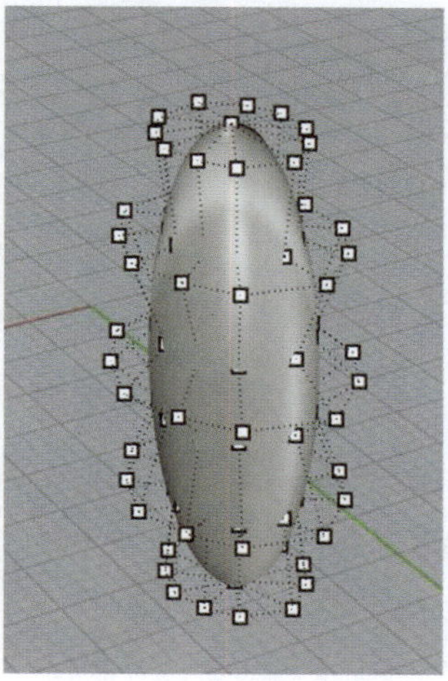

图 6-4 重建椭圆体

先锁定头,变化身体。保持正交打开,以便我们能更容易控制,在 2D 投影视图内进行操作,框选 CV 点,这可以保证我们进行对称的变化,如图 6-6 所示。

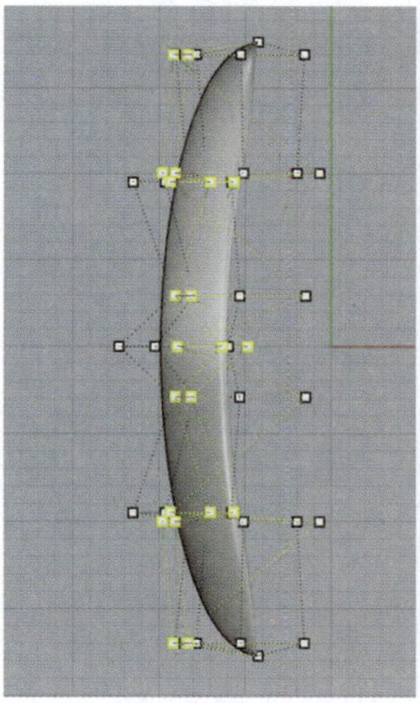

图 6-5 拖动曲面 CV 点进行变形

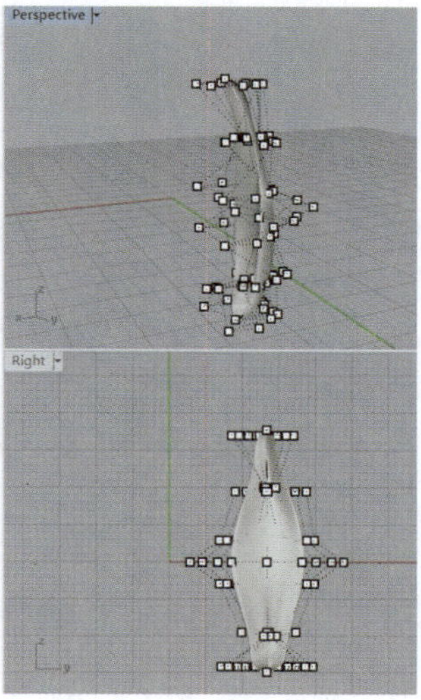

图 6-6 进行对称的变化

画片差不多了,我们来调整头的形状,如图 6-7 所示。

由于篇幅有限,我们就不把它做得很像了。我们现在把手工花的花瓣做出来,转到侧视图,如图 6-8 所示。

我们再次使用重建曲面和旋转命令建立手工花的花瓣。

完善造型,完成鸭子模型,如图 6-9 所示。

你一定对这种建模方式感到很惊奇,关于控制点的运用在 Rhino 中也是一个很值得探讨的问题,CV 点直接和 NURBS 的底层属性相连,因此你也需要在理解 NURBS 之后才能将

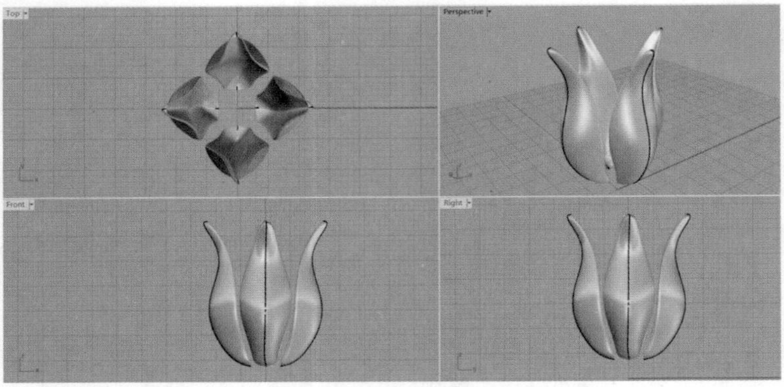

图 6-7　拉动点进行造型

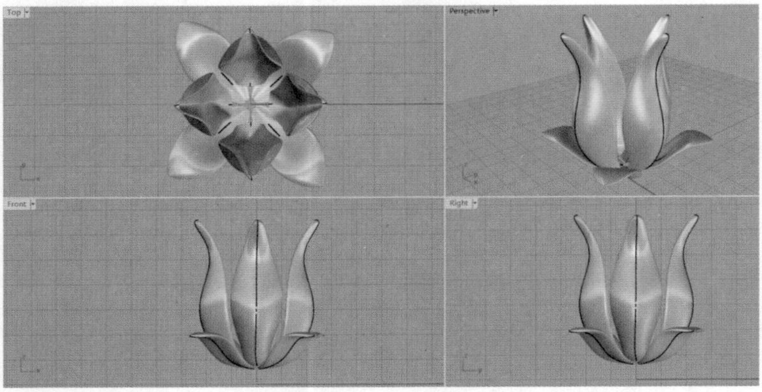

图 6-8　花瓣造型

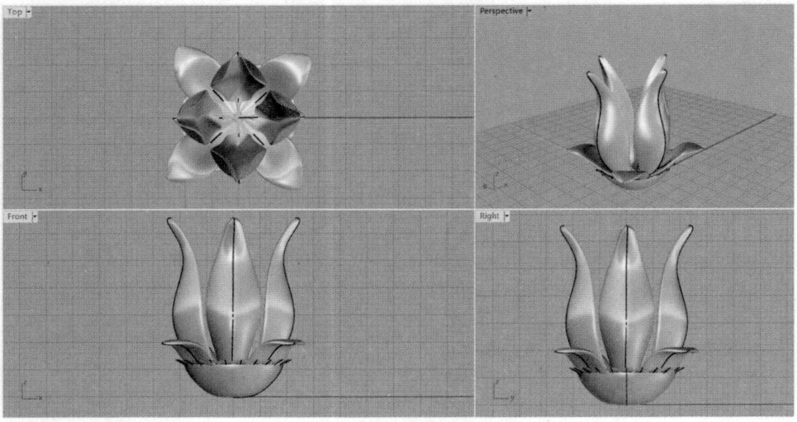

图 6-9　完善造型和鸭子模型

控制点运用的境界提高一个层次。Rhino 中还有很多关于控制点的命令,这里就不多叙述了,你可以自己尝试一下,说不定又会有更多惊奇的发现。

6.2　分割和修剪

下面介绍曲线的分割和修剪。

6.2.1 曲线作为分割边界

曲线作为曲面的分割边界，曲线不需要在曲面上，但记住这一点：曲线对曲面的分割是以工作平面投影线为分割基础的。

来看下面这个例子，如图 6-10 所示。

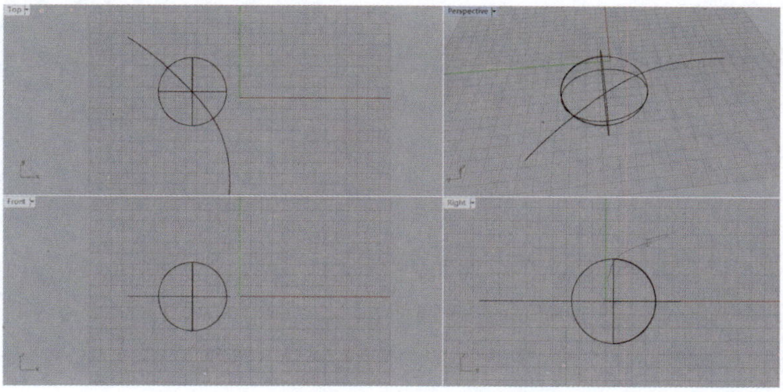

图 6-10 要分割的球体和曲线

我们在 Top 视图下选择曲线对曲面进行分割，如图 6-11 所示。

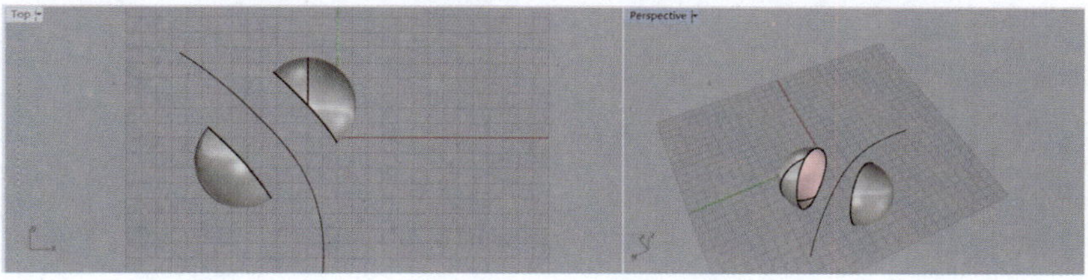

图 6-11 在 Top 视图下对曲面进行分割

我们在 Right 视图下对曲面进行分割，如图 6-12 所示。

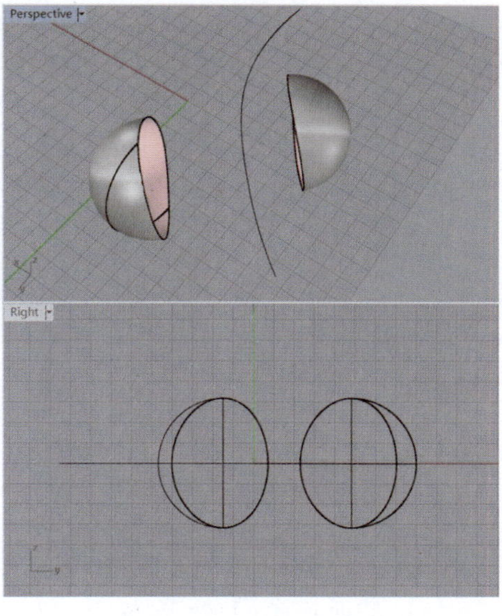

图 6-12 在 Right 视图下对曲面进行分割

看了这个例子，你应该很明白曲线对曲面进行分割是怎样一种运作原理了。

6.2.2 曲面作为分割边界

若是曲面和曲面进行分割，曲面之间必须相交，并且相交部分能够将被分割曲面“割开”，否则，不能进行分割。

举个例子，如图 6-13 所示。

分割效果如图 6-14 所示。

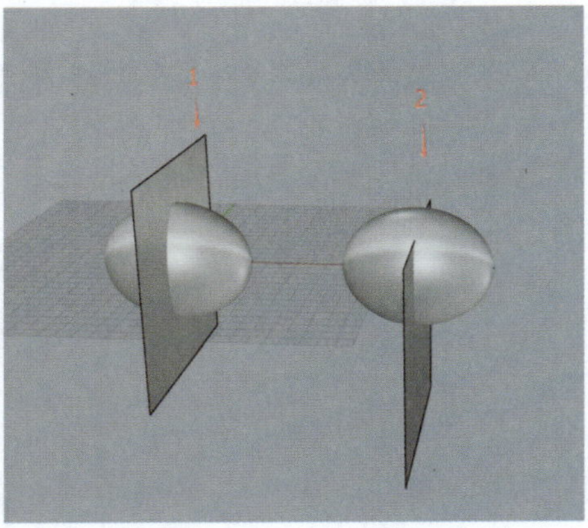

图 6-13 曲面作为分割边界的条件
（图 1 可以分割，图 2 不可以分割）

6.2.3 修剪

修剪命令可以删除一个物体与另一个物体交集处内侧或外侧的部分（见图 6-15 ~ 图 6-17）。执行修剪命令后，首先选择切割用的物体，如图 6-16所示的两个椭圆，再选取要修剪的物体，如图 6-16所示的椭圆内部区域，修剪后如图 6-17所示。

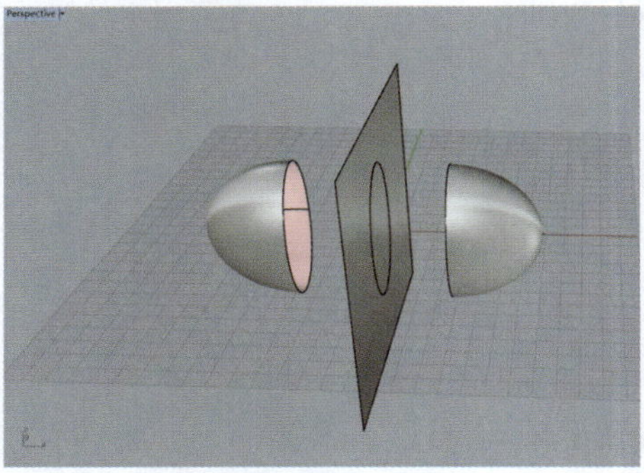
图 6-14 分割效果

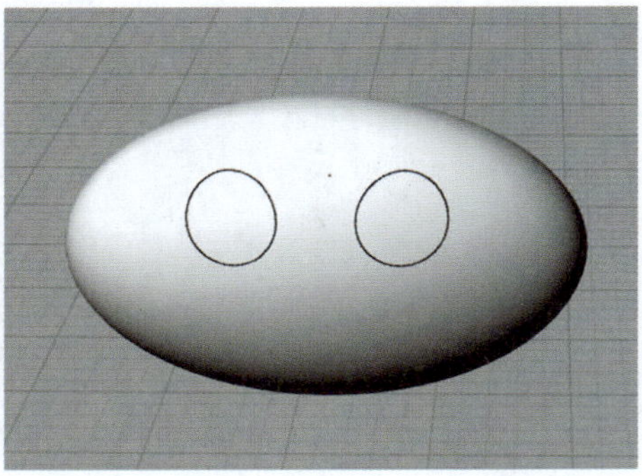
图 6-15 修剪前

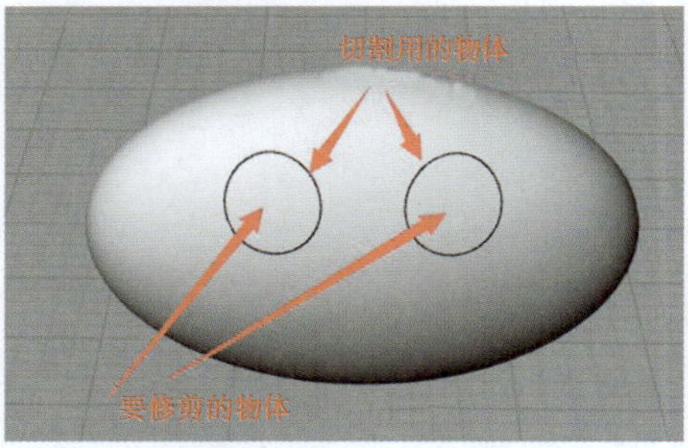

图 6-16 选取要修剪的物体

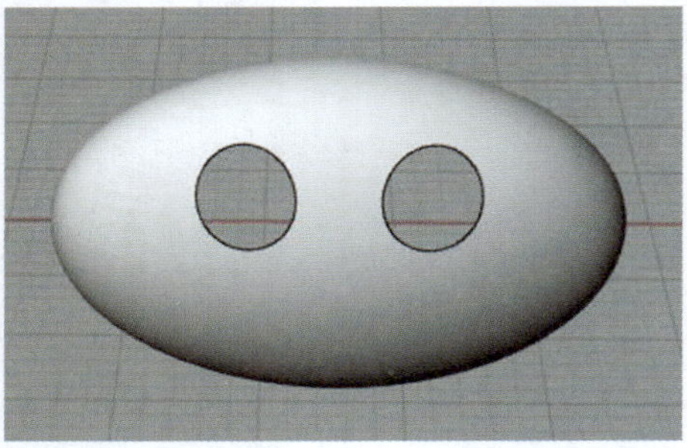
图 6-17 修剪后

6.3 链接曲面

链接曲面使用链接(Join)命令。链接命令可以把拥有公共边界或者边界相距很近的曲面对象结合成一个对象。被链接的曲面组叫作“多重曲面”。很多人认为这个命令其实就是一种编组的命令。其实不然，我们知道 Rhino 在渲染时会将 NURBS 转换为 Polygon，

Polygon 对象不可能像 NURBS 一样具有天生描述曲面的功能。所以,在曲面转化为多边形的过程中,两个相邻紧贴的曲面可能出现“漏光”的情况。若是这两个曲面被结合成了多重曲面,那么 Rhino 在转换时会将它处理成一个对象,不会出现“漏光”情况。

所以,建议你在渲染之前尽量链接模型中能够链接的面。

这个命令的反命令为炸开(Explode)。

下面讲到的几个命令都在曲面工具集里,如图 6-18 所示。

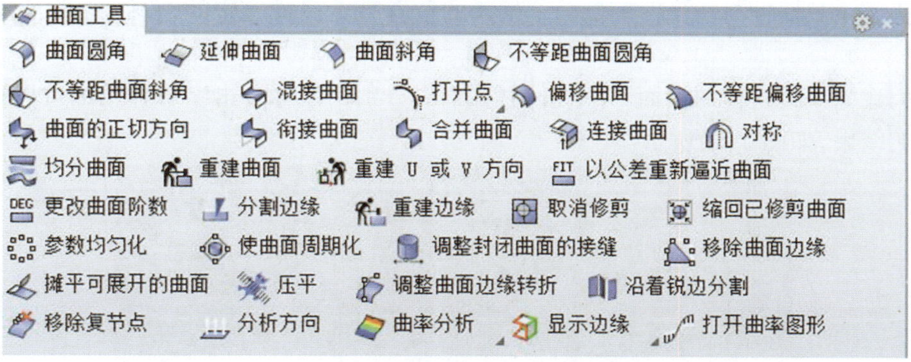

图 6-18 曲面工具集

6.4 延伸曲面

延伸曲面(ExtendSrf):延伸曲面和延伸曲线不同,它不能将曲面延伸至某个对象。

用法:点击这个命令后,选择需要延伸的曲面边缘。延伸类型有直线延伸和平滑延伸两种。

延伸曲面参数如图 6-19 所示。

图 6-19 延伸曲面参数

然后在命令行输入延伸长度或者用鼠标指定延伸长度,如图 6-20 所示。

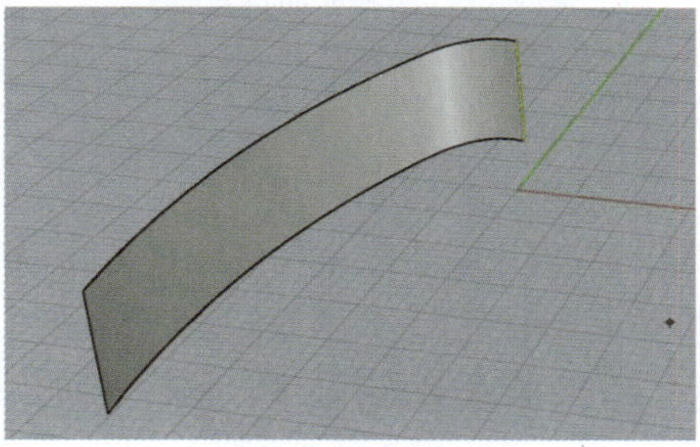

图 6-20 用鼠标指定延伸长度

6.5 曲面倒角

曲面倒角 :和曲线倒角一样,分倒圆角和倒斜角两种。我们后面还会遇到其他倒角命令: 实体倒角。实体倒角在建模时往往比曲面倒角更为好用,在此不详细介绍。我们看看曲面倒角的用法。

曲面倒角只能针对两个曲面倒角。倒角的位置是由鼠标确定的,我们来看下面这个例子。

我们建立一组这样的曲面,并点击倒角命令,分别用鼠标点击字母标示的位置,看看有什么样的结果,如图 6-21 所示。

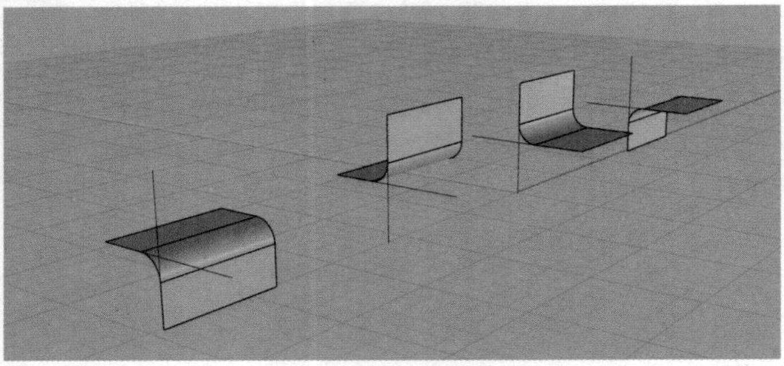

图 6-21 曲面倒角举例

倒角结果一目了然。你还应注意一下倒角的命令参数,可以选择是否修剪和是否延伸等参数。

倒角不仅适用于开放曲面之间,还适用于闭合曲面之间,例如球体,如图 6-22 所示。

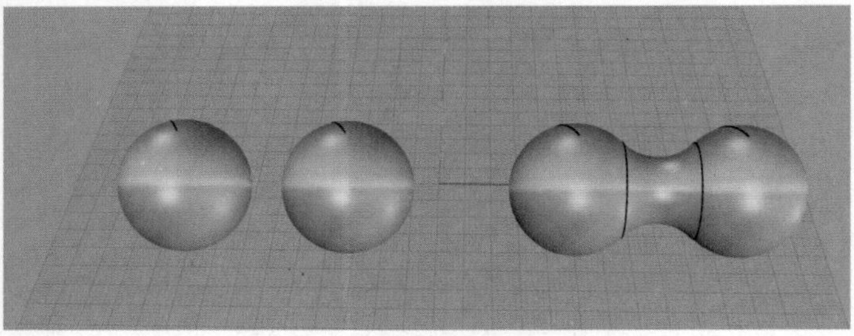

图 6-22 闭合曲面倒角举例

6.6 偏移工具

偏移工具 (OffsetSrf):我们以后将经常用到偏移工具,例如将墙面生成厚度。

偏移工具可以针对大量曲面同时进行,如图 6-23 所示为建立每层平面生成楼板层。

使用这个命令之后出现的白色箭头是偏移方向,偏移方向是按照曲面的法线进行的,你可以点击曲面翻转偏移方向。

偏移参数如图 6-24 所示。

选择参数 S 可以使生成结果为实体,如图 6-25 所示。

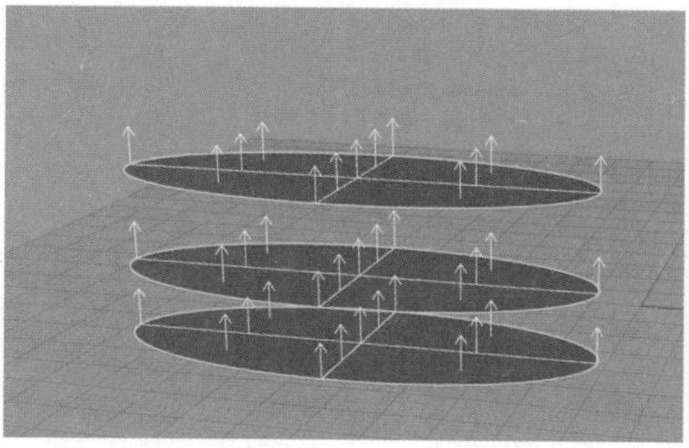

图 6-23　建立每层平面生成楼板层

图 6-24　偏移参数

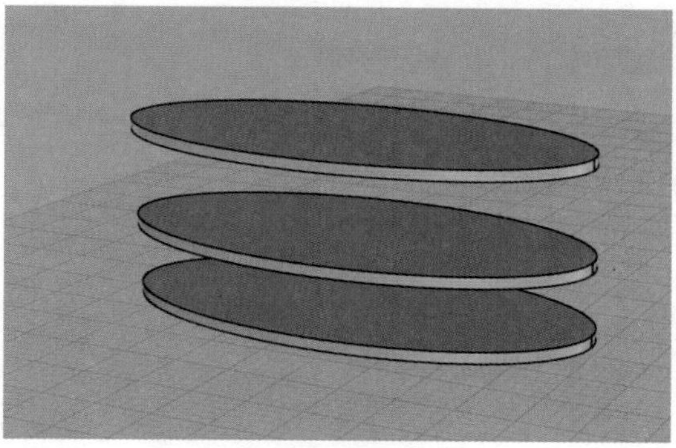

图 6-25　最后偏移效果

6.7　混接曲面

混接曲面(BlendSrf)：功能非常强大，它可以在两个曲面之间产生一个过渡曲面。我们看到的汽车等工业产品模型，它的整个身体怎么可能只是一块面呢？很多时候这些模型都是由若干曲面组合起来的。其思路大多数是先建立关键曲面，再把这些曲面连起来。混接曲面在其中用得最多。

下面我们来看它的用法：

建立如图 6-26 所示的两个曲面，来试试混接曲面命令。

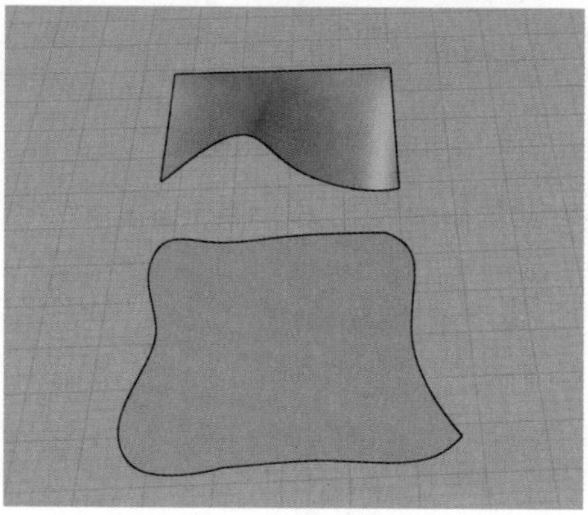

图 6-26　建立两个曲面

如图 6-27 所示，点击混接曲面命令，先用鼠标选择边界 A 处，点击空格，再选择边界 B 处，点击空格。

在弹出的调整曲面混接选项（见图 6-28）中，我们可以控制滑块来调节原始曲面在转折处对混接曲面的影响力度。当然,我们也可以手动拉动曲线 CV 点控制。

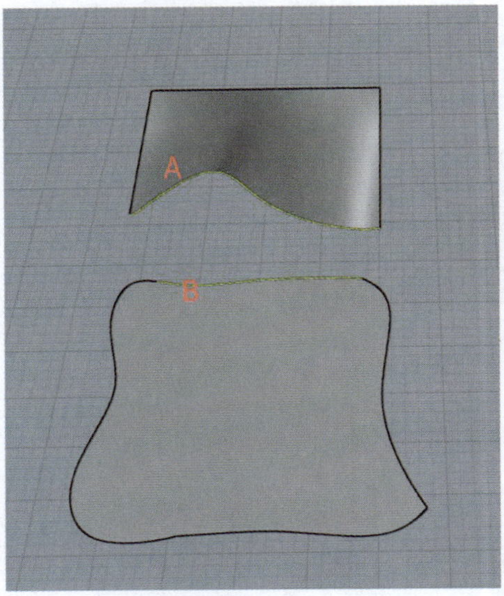

图 6-27　混接曲面

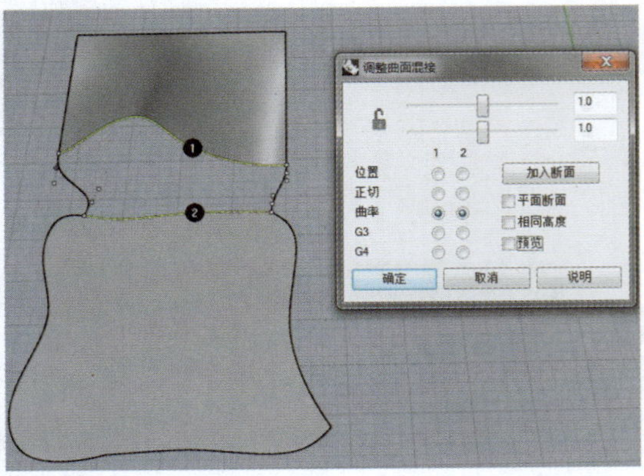

图 6-28　调整曲面混接选项

最终生成如图 6-29 所示的混接曲面。

我们再次依次点击 A、B 处边界点,可见连接边界发生了变化(见图 6-30)。

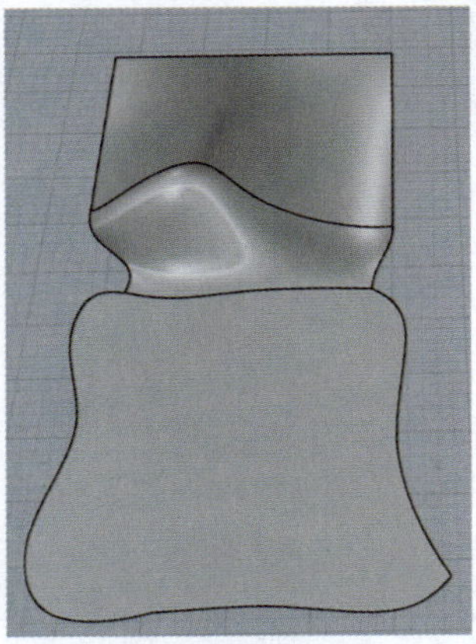

图 6-29　生成的混接曲面

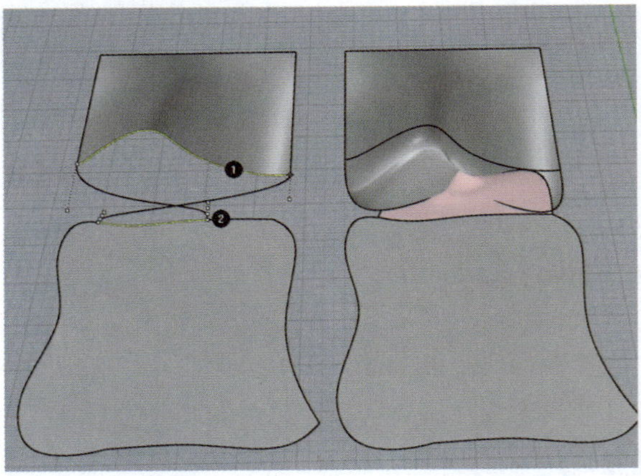

图 6-30　连接边界发生变化

混接曲面命令在两个曲面之间生成混合表面时,需要统一闭合边结合点的方向,这不能由程序自动判断,而是通过判断距鼠标点击位置最近的边界点确定。我们第一次混接是正常的,第二次封闭边结合点的位置虽然相同,但方向相反,所以混接曲面发生了翻转现象。

6.8　合并曲面

合并曲面(MergeSrf):可以用于合并两个曲面。这个功能不太好用,因为它的限定条件太多了。

两个曲面能够被合并的必要条件是:

(1)未修剪的。

(2)至少有一边“完全重合”。

合并曲面有如图 6-31 所示的参数选项。

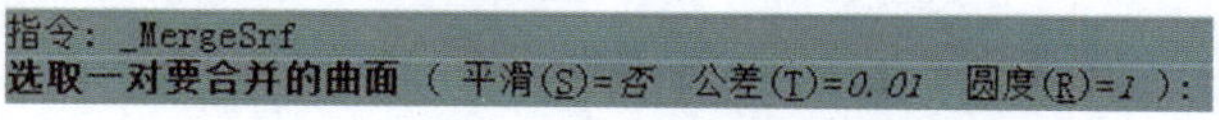

图 6-31 合并曲面的参数选项

若选“平滑”可以确定相交处是否平滑,若选“公差”允许相交处存在很小的边界差距。我们看看不同参数下的效果,如图 6-32 所示。

尽管如此,作用这个命令后,还是有很多满足了以上两个条件的曲面不能被合并为一个曲面,这和曲面的内在性质有关,我们后面遇到再介绍。

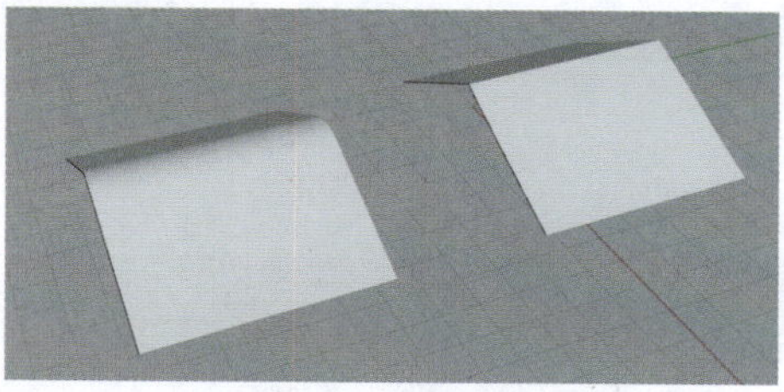

图 6-32 合并曲面平滑与不平滑的效果对比

6.9 衔接曲面

衔接曲面(MatchSrf):不能把两个曲面合并在一起,但它能让两个曲面边界“完全重合”。我们在合并曲面失效时,可以使用衔接曲面先把两个曲面的边界重合在一起。

点击衔接曲面命令,会让我们选择两次曲面边缘。衔接曲面会给出一系列选项,如图 6-33所示。

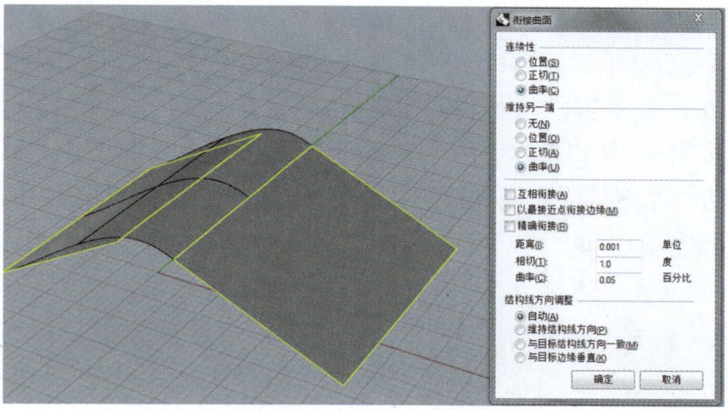

图 6-33 衔接曲面选项

位置(又称 G0 连续):可理解为第一个曲面继承第二个曲面的位置,如图 6-34 所示。

正切(又称 G1 连续):可理解为第一个曲面与第二个曲面相切(正切),如图 6-35 所示。

曲率(又称 G2 连续):可理解为第一个曲面继承第二个曲面的曲率(此时两者结合最为平滑,但产生较大的位置差),如图 6-36 所示。

互相衔接:第一个曲面和第二个曲面互相继承对方发生 G0、G1 和 G2 连续。

维持另一端:维持第一个曲面选取边界所在位置。

另外,注意结构线方向和混接命令类似,衔接时一定要点击同一侧,否则会犯类似错误,如图 6-37 所示。

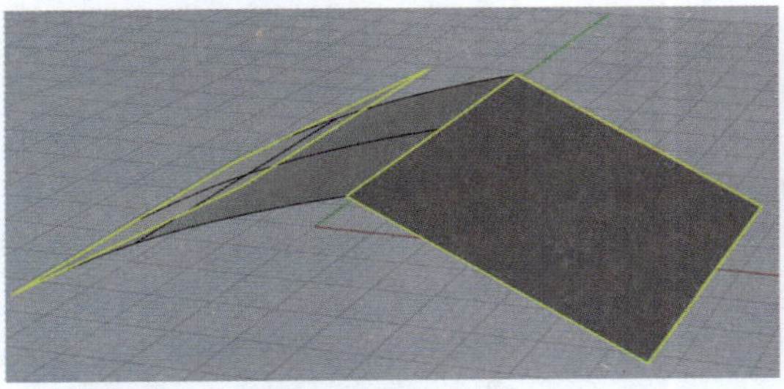

图 6-34　位置

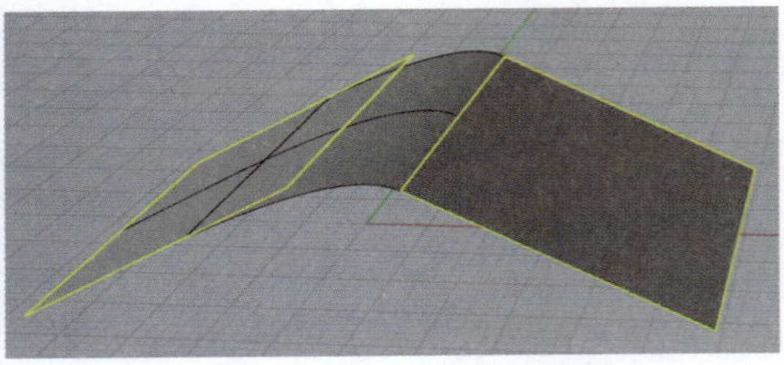

图 6-35　相切

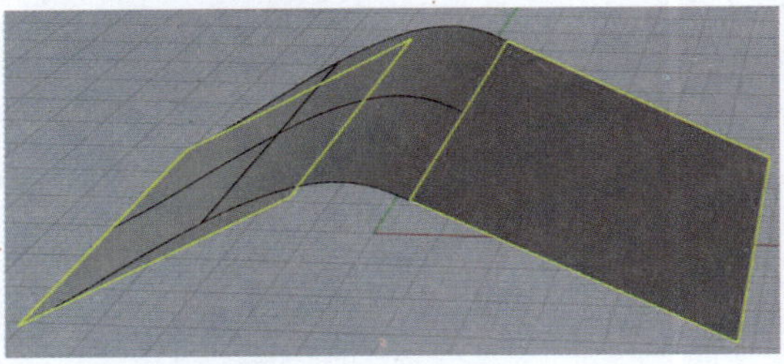

图 6-36　曲率

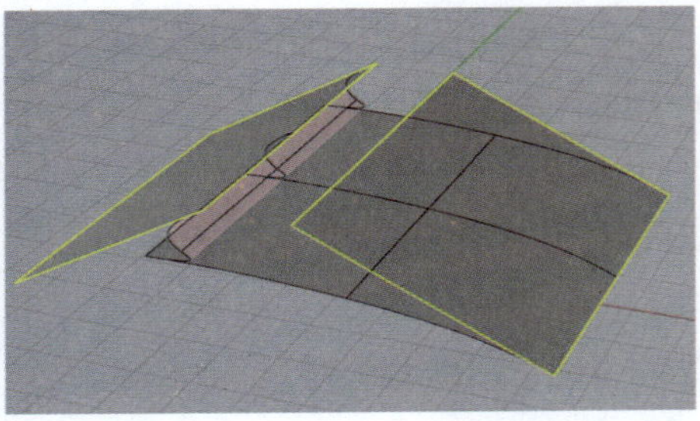

图 6-37　错误的衔接

6.10　几何学上的 G0、G1 和 G2 连续

刚才提到了 G0 连续(位置)、G1 连续(相切)、G2 连续(曲率)。你在使用 Rhino 时会经常遇到这几个选项,我这里讲一讲这几种连续方式的概念。

G0 连续:当两个表面相接时,若我们提取出它们的剖面线,这两条线其中一条的端点与另一条的端点直接相连,我们就称这两个表面处于 G0 连续状态,如图 6-38 所示。

G1 连续:若两个曲面截面曲线彼此连接在一起,而且处于彼此相切的状态(准确的叙述是曲线的一阶导数连续),那么我们就认为这两个曲面处于 G1 连续状态(可以理解为每条曲线各增加一个 CV 点让它们彼此相切,因此叫 G1 连续),如图 6-39 所示。

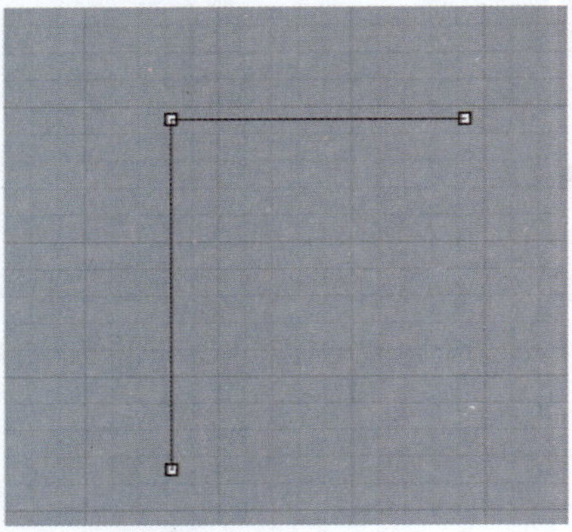

图 6-38　G0 连续

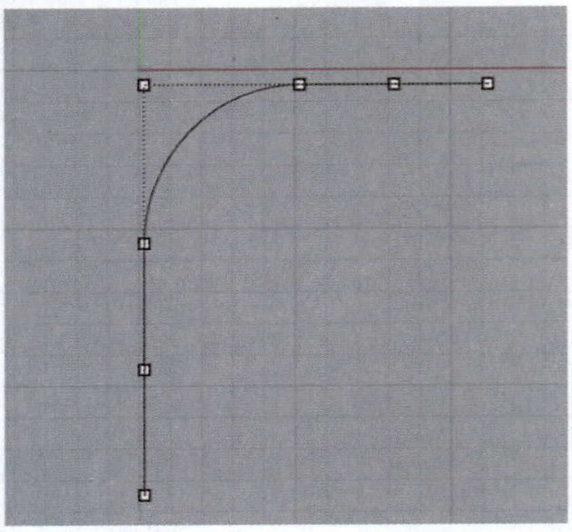

图 6-39　G1 连续

G2 连续：若两个曲面截面曲线彼此连接在一起，而且这两条曲线的曲率处于连续状态，这时我们可以称这两个面处于 G2 连续状态（可以理解为两条曲线各增加了两个 CV 点让它们的曲率连续，因此叫作 G2 连续），如图 6-40 所示。

斑马纹分析 也是视觉分析曲面的命令，在曲面或网格上显示分析条纹（斑马纹）（见图 6-41、图 6-42）。

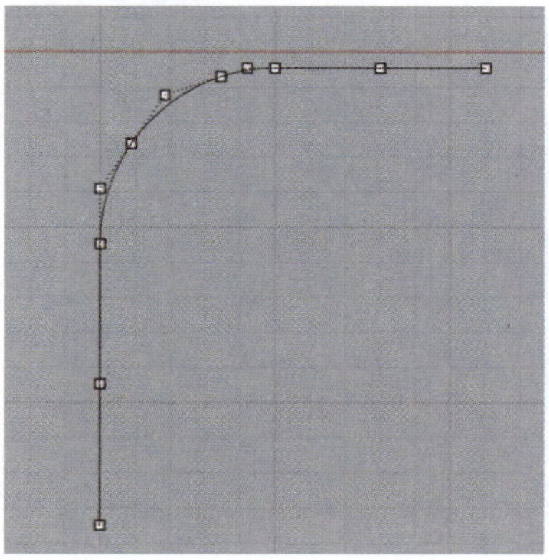

图 6-40　G2 连续

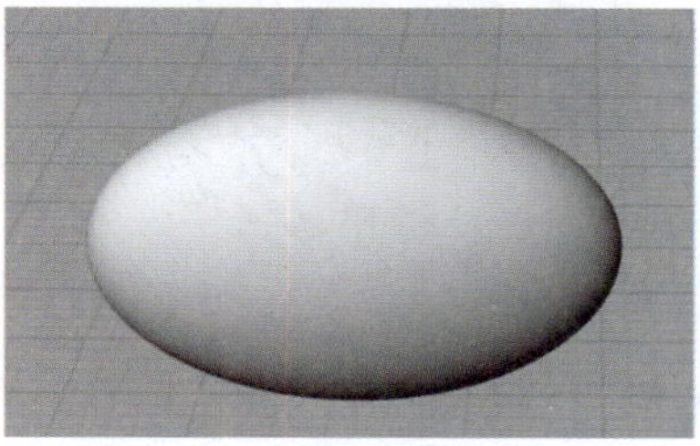

图 6-41　模型

斑马纹形状的意义如下：

（1）位置连续（G0）：如果两个曲面相接时边缘处的斑马纹相互错开，则代表两个曲面以 G0（位置）连续性相接（见图 6-43）。

（2）相切但曲率不同（G1）：如果两个曲面相接边缘处的斑马纹相接，但有锐角，两个曲面的相接边缘位置相同，切线方向也一样，则代表两个曲面以 G1（位置 + 相切）连续性相接。以不等距边缘圆角命令建立的曲面就具有这样的特征。图 6-44 是圆角曲面，图 6-45 是使用斑马纹分析的效果，可看出曲面相接处的条纹未错开，但不平顺。

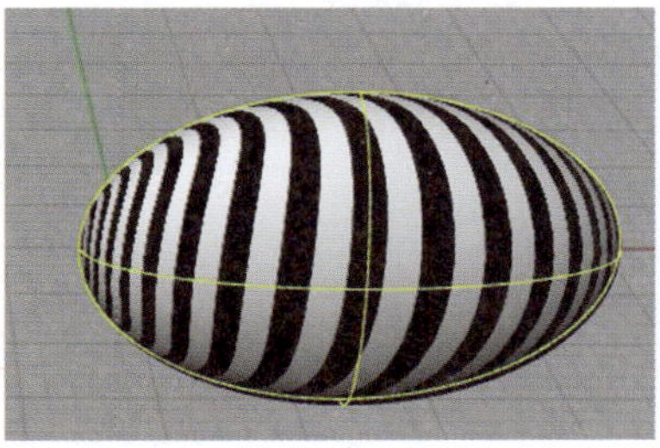

图 6-42　显示斑马纹

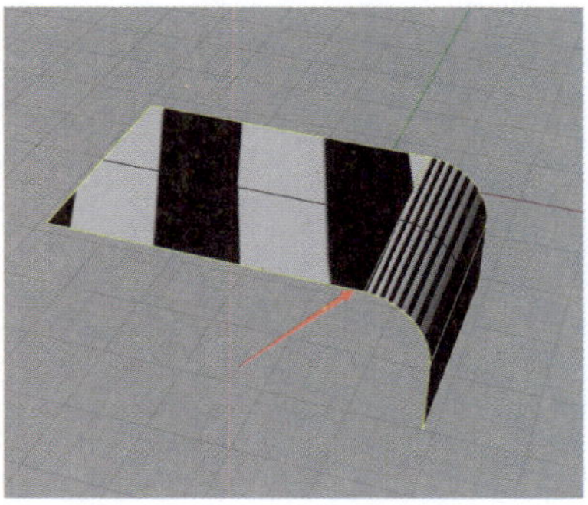

图 6-43　位置连续

（3）位置、相切、曲率相同（G2）：如果两个曲面相接边缘处的斑马纹平顺地连接（见图 6-46），两个曲面的相接边缘除了位置和切线方向相同外，曲率也相同，则代表两个曲面以 G2（位置 + 相切 + 曲率）连续性相接（见图 6-47）。

混接曲面、衔接曲面及以网线建立曲面命令可以建立具有这样特性的曲面。当边缘为以网线建立曲面命令使用的边缘时，才可以选择 G1 和 G2 连续性。

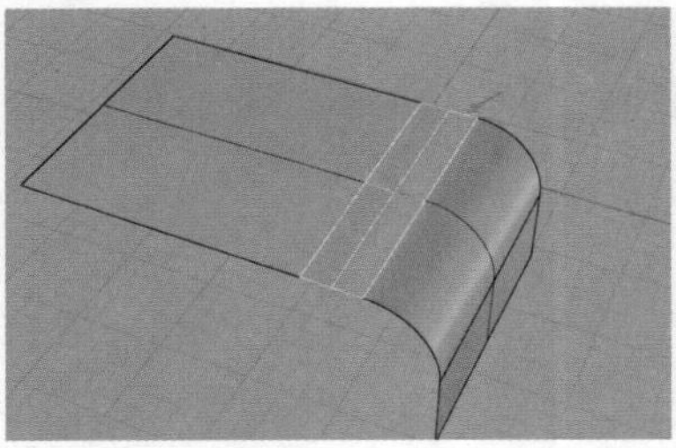

图 6-44　圆角曲面

图 6-45　斑马纹分析的效果

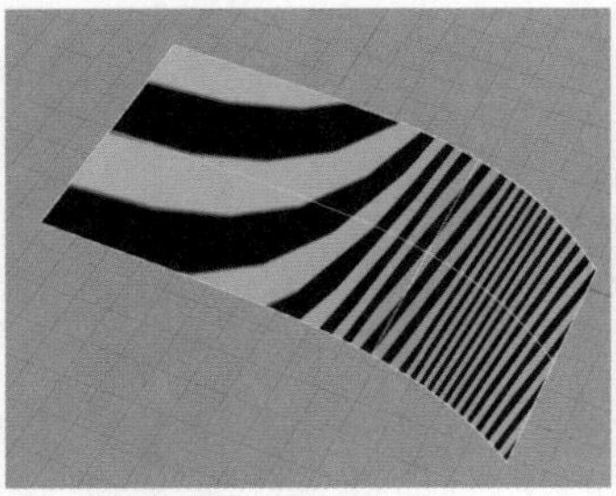

图 6-46　斑马纹平顺地连接

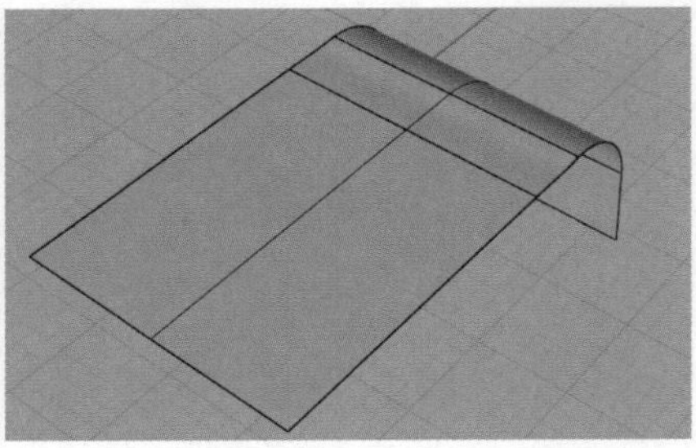

图 6-47　G2 连续性相接

第七章　Rhino 实体和网格

传统 3D 软件的建模教程第一部分必然是以介绍基本几何体为入门。比如 3dsMax、AutoCAD 等软件的建模教程。并非基本几何体如今已不适用，这类造型应该说仍然是在建筑设计或者工业设计中使用量最大的设计元素。但是如今建模概念已经完全改变，Maya 中现在最为流行的是由基本形体不断细分拉伸变形得到需要的形体。最近流行的 Zbrush 则是一种“雕刻”建模的方式，这些建模手段比起最原始的将对象分解成若干基本几何体再加以组装的“建模观”要高效得多。而在 Rhino 中，“曲面(Surface)”这一概念是模型的核心要素。Rhino 中大多数情况下建立的曲面都建立在曲线的基础之上。通过放样、扫掠等方式得到曲面，实体部分则是起辅助作用。

当然，在 Rhino 中也提供了完整的实体建模工具，下面我们来看看。

7.1　基本几何体创建

前面已经讲过实体在 Rhino 中的实质，它并不是有真正厚度的对象，而是由闭合的单个或者多个曲面构成的。关于它的理解不多叙述。

Rhino 中的基本几何体包括立方体、圆柱体、球体、椭圆体、圆管、圆锥体、圆柱管等。

关于命令的使用，由于比较简单，我只简单叙述一下，见图 7-1。

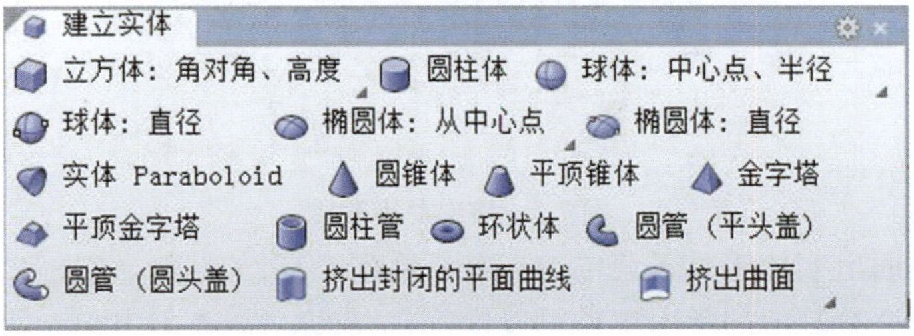

图 7-1　Rhino 实体命令及功能

以上命令中最后两个分别为拉伸曲线出实体(挤出封闭的平面曲线，ExtrudeCrv)和拉伸曲面出实体(挤出曲面，ExtrudeSrf)，下面简单介绍一下。

前面介绍了曲线的拉伸，这个命令可以直接将曲线拉伸出实体，也就是说，它应该可以自动将上下两个面封住，是这样的吗？来做个试验。

这里有两组封闭的曲线，如图 7-2 所示，其中左边的曲线不在同一平面上，右边的曲线在同一平面上，我们使用拉伸曲线出实体，看看效果怎样。

如图 7-3 所示，我们看到左边的曲面并没有封面，而右边形成了一个实体。

因此，拉伸曲线出实体(ExtrudeCrv)这个命令对于开放或者不在同一平面上的曲线，不能将其表面封闭得到实体，它的作用同拉伸曲线命令一模一样。

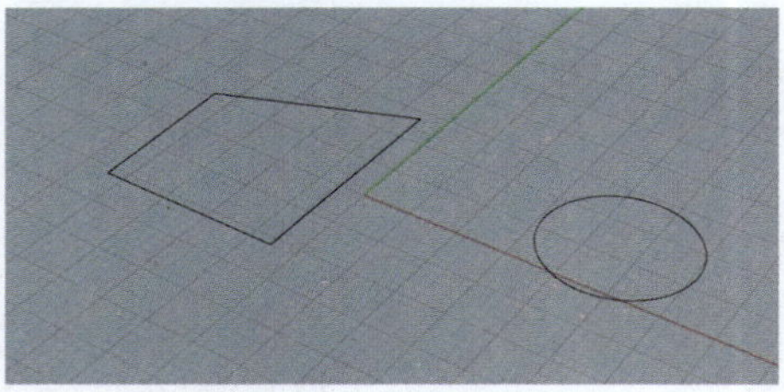

图 7-2　两组封闭的曲线

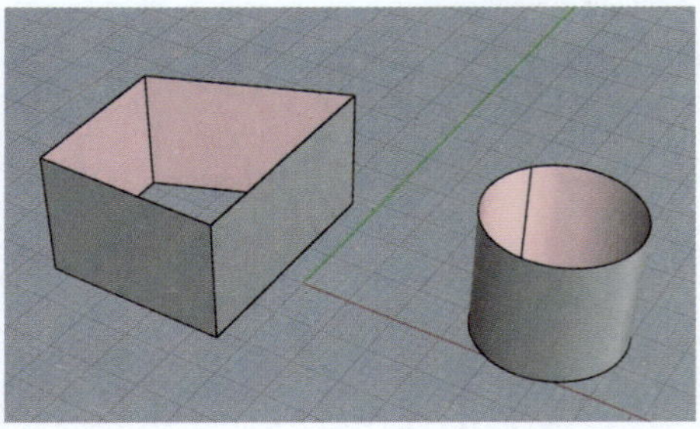

图 7-3　拉伸曲线出实体

我们再将刚才那两组曲线（见图 7-2）封面，看看第二个命令拉伸曲面出实体（ExtrudeSrf），如图 7-4 所示，左边是修剪了的曲面，右边是未修剪的曲面。

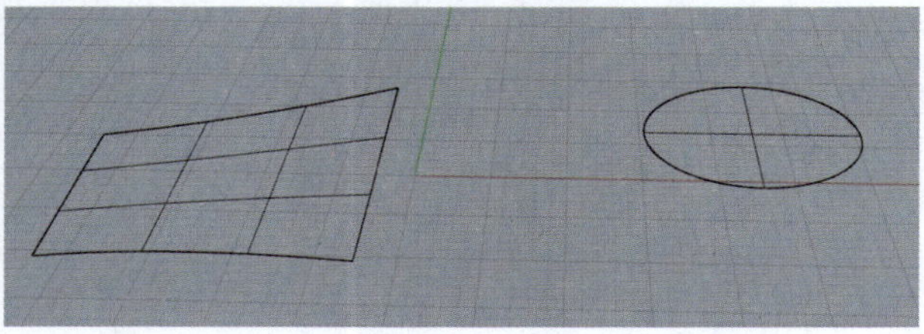

图 7-4　曲线封面

按默认参数将两个曲面挤出实体，结果如图 7-5 所示。

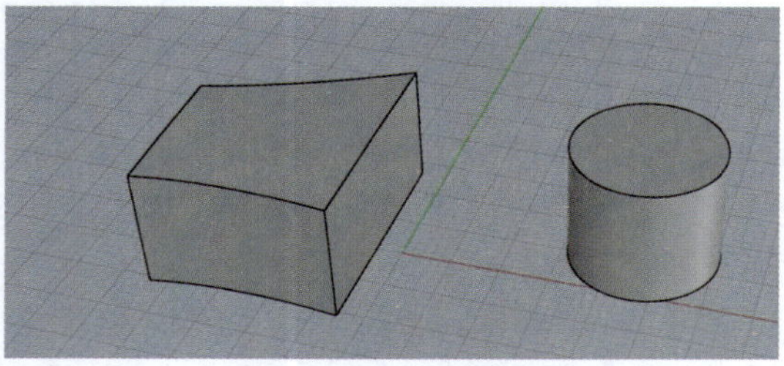

图 7-5　挤出曲面实体

另外，拉伸曲面出实体工具子菜单内还有一系列工具，如凸缘、肋柱等，我几乎没有实际用过，而且感觉完全有其他的常用工具可以代替它们，你可以查看 Rhino 的帮助文档看看它们的使用方法。

附：插件 Pipecurve 的运用

有些时候，为了造型需要，我们需要大量的曲线成管，但成管工具一次只能进行一条曲线的成管。Pipecurve 是由我封装的一个插件，我将它放进了本课程文件中（下载地址：d3cc97d2718ad514. skydrive. live. com/self. aspx/Public/LESSON7/LESSON7. rar），你可以使用这个插件对多个曲线对象进行成管，使用方法如下：

在 Rhino 选项中载入插件（见图 7-6），载入之后，这个插件就会在菜单栏生成新的菜单，普通插件的安装方法一般都是这样。

选择若干你想要成管的曲线，如图 7-7 所示。

点击空格之后，在命令行中输入成管半径，若干条曲线可以一起成管（注意：这个工具不能自定义截面大小变化）。

图 7-6　安装 Pipecurve 插件

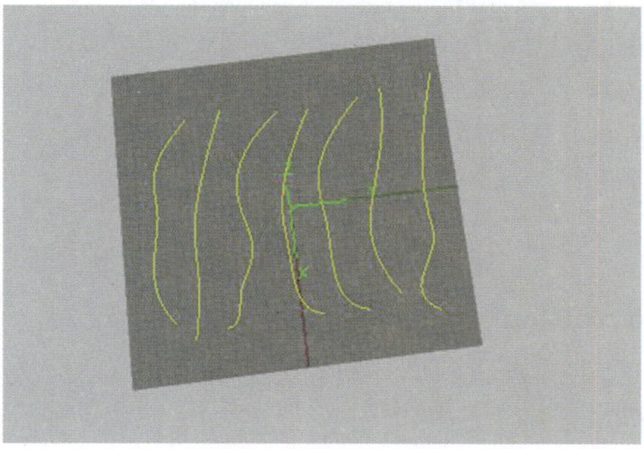

图 7-7　选择需要成管的曲线

最终效果如图 7-8 所示。

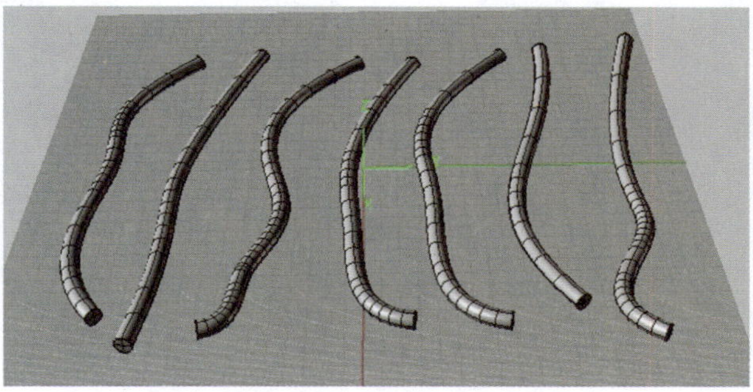

图 7-8　最终效果

7.2　实体工具

实体工具集中主要有三类工具:布尔运算工具、抽面工具、实体倒角工具。Rhino 的工具实在太多,而且分得很细,你只需要记住每一类型的工具位置就好,700 多个工具我们不可能全部用上,而且本课程也只会接触到常用的一些工具,因此 Rhino 更深的奥秘还需要你自己去探索。

实体工具集及功能如图 7-9 所示。

7.2.1　布尔运算

本来我想把布尔运算单独拿来讲一讲的,但是细想才觉得所谓布尔运算其实非常容易理解。布尔运算本来是对二维对象的逻辑判断,引申到三维对象的处理上。那样的话,我们可以借用直观的图像结果,更容易理解。

布尔运算包括三种形式:并集(联集)、交集、差集(包括 A－B 和 B－A),分别对应

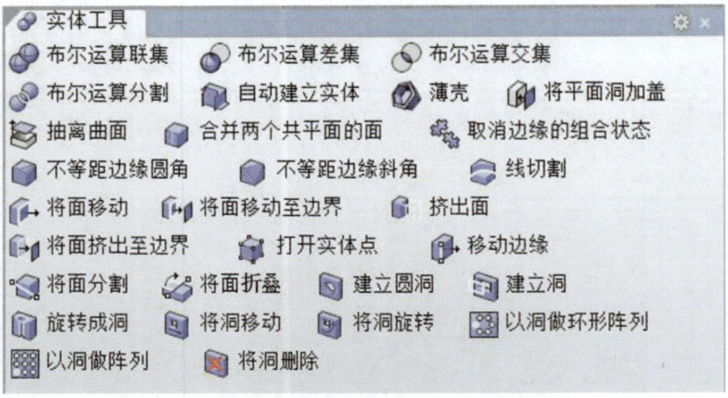

图 7-9　实体工具集及功能

(BooleanUnion)、(BooleanIntersection)、(BooleanDifference)。

我们来对如图 7-10 所示的方块和球体进行布尔运算。

对它们求并集,如图 7-11 所示。

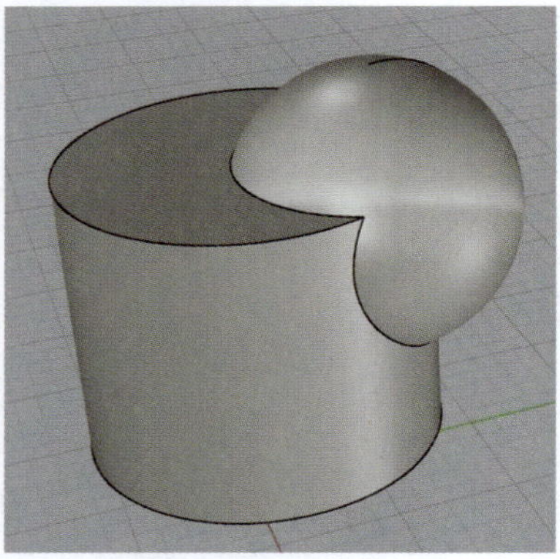

图 7-10　布尔运算举例

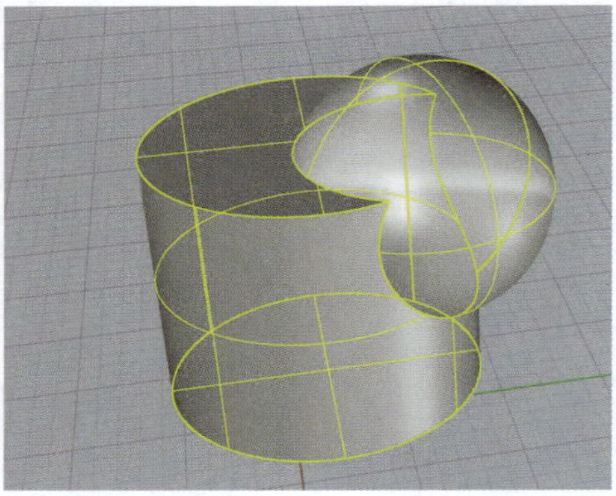

图 7-11　求并集结果

炸开,可以发现它们中间重合的部分被删去了,如图 7-12 所示。

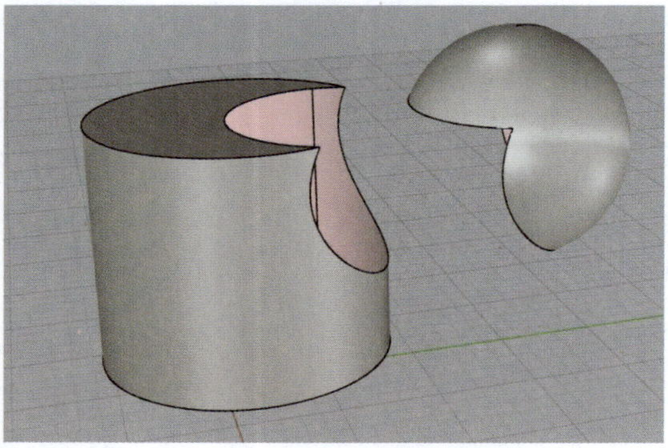

图 7-12　炸开结果

对它们求差集(方块减去球体),如图 7-13 所示。

对它们求交集,如图 7-14 所示。

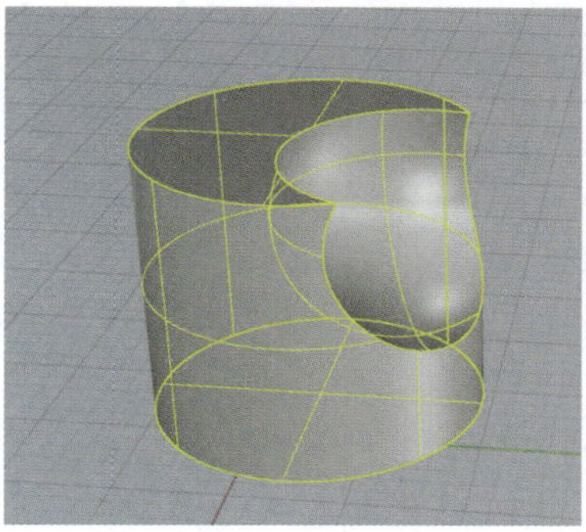

图 7-13　求差集结果

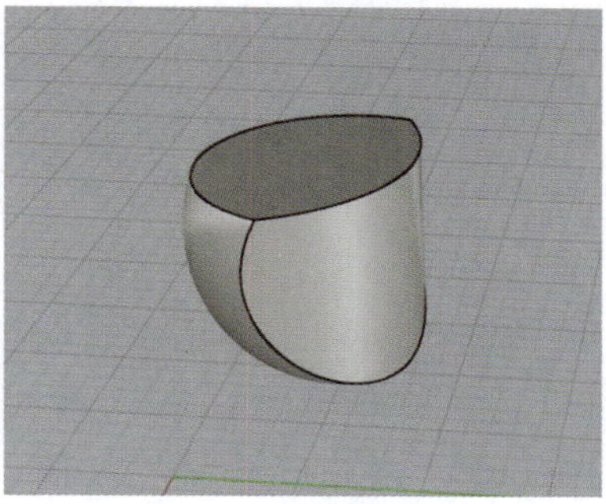

图 7-14　求交集结果

工具自动建立实体(CreateSolid):其实质就是求若干曲面形成的封闭实体,而且这个实体有且只能存在一个,否则将无法建立实体,如图 7-15 所示。

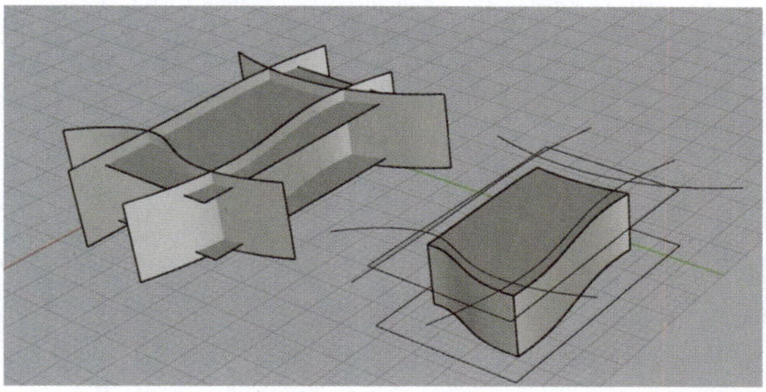

图 7-15　工具自动建立实体举例

7.2.2　抽面工具

将平洞加盖:可将物件上的平面洞以新建曲面的方式封闭,如图 7-16、图 7-17 所示。

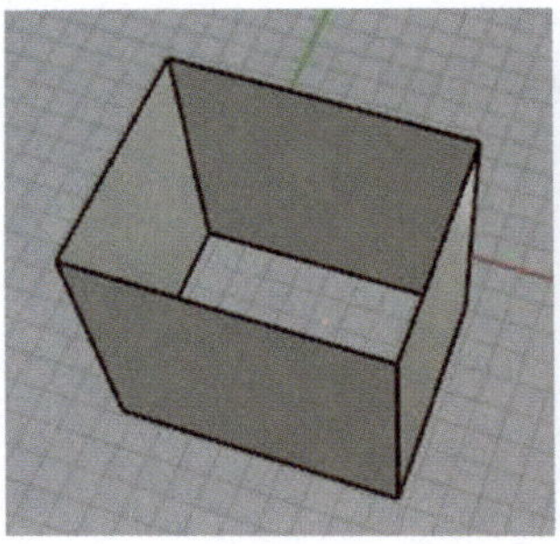

图 7-16　加盖前

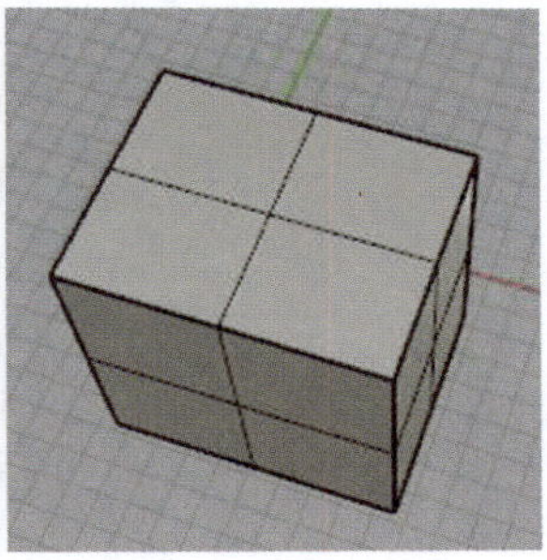

图 7-17　加盖后

抽离曲面:抽离或复制多重曲面中的局部曲面。在操作中,只有选取的曲面会与多重曲面分开,多重曲面中的其他曲面仍然组合在一起,如图 7-18、图 7-19 所示。

与炸开命令相比,使用抽离曲面命令抽离多重曲面中的特定曲面可以节省时间,而不必炸开整个物件,省去再将曲面组合的操作。

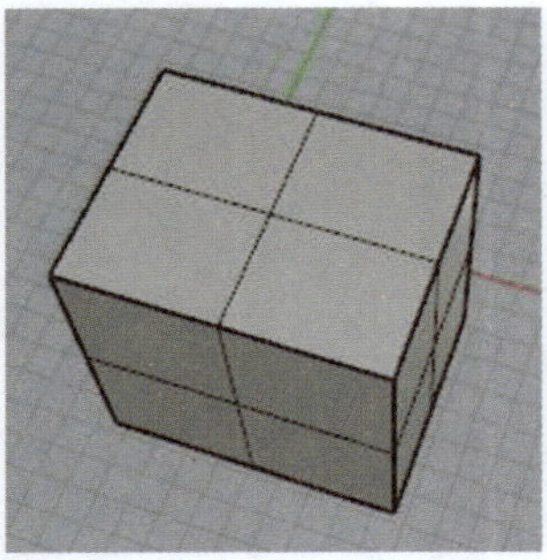

图 7-18　正方体

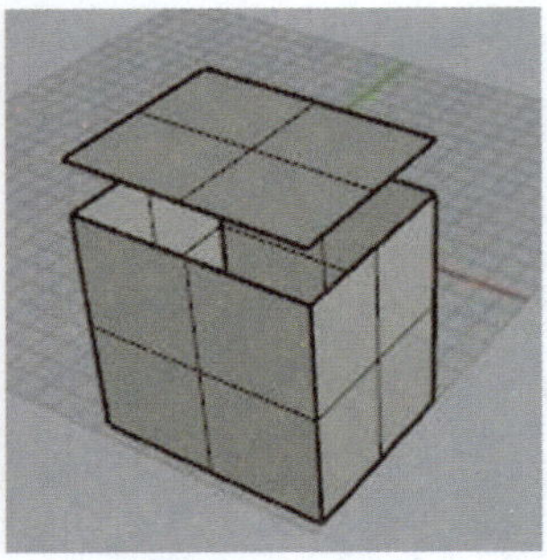

图 7-19　移动面

7.2.3　实体倒角

不等距边缘圆角：在多重曲面的多个边缘建立不等距的圆角曲面，修剪原来的曲面并与圆角曲面组合在一起，如图 7-20、图 7-21 所示。不等距边缘圆角与原曲面为 G1 连续（相切）。

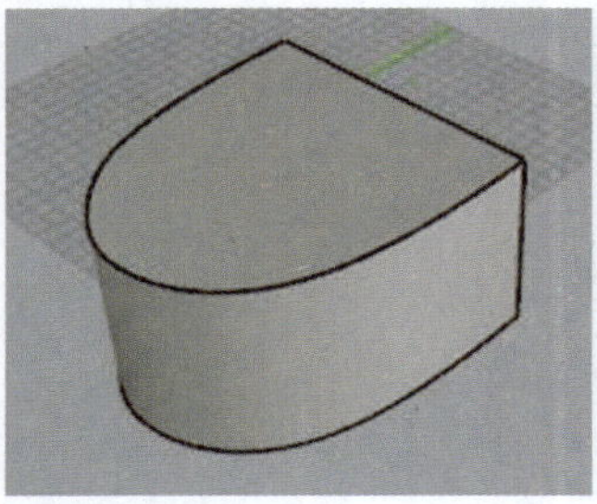

图 7-20　不等距边缘圆角前

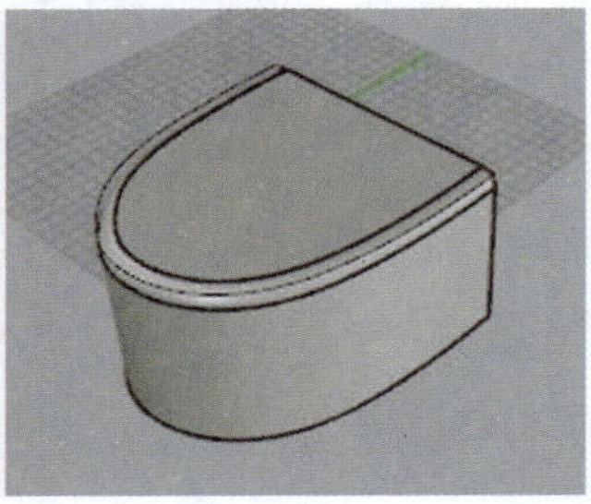

图 7-21　不等距边缘圆角后

不等距边缘混接：不等距边缘混接相对于不等距边缘圆角具有更好的连续性，不等距边缘圆角为相切连续，而不等距边缘混接为曲率连续。图 7-22 所示的斑马纹分析为曲率连续。

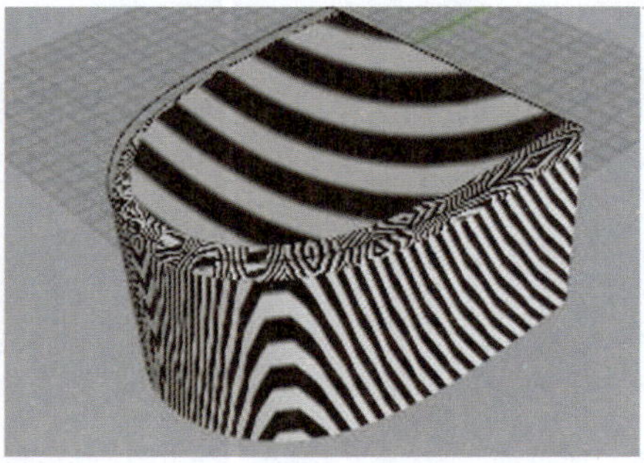

图 7-22　曲率连续

7.2.4　不等距边缘斜角

在多重曲面的多个边缘建立不等距的斜角曲面，修剪原来的曲面并与斜角曲面组合在一起。

7.3 网格对象

在讲此内容之前,先介绍一下关于 NURBS 建模和 Polygon 建模以及现在 3D 软件界的趋势。

在 NURBS 还不流行的时候,Polygon 建模是一统天下的,但那时候的建模手段并没有现在这样多。那时候对建模对象的理解还是以分解对象为主,将对象分解成若干几何体对象再一一创建,就像在画室学人体石膏时老师讲的那样。

后来 NURBS 技术出现,NURBS 因其优秀和丰富的造型能力逐渐在建模领域占了上风,无论是在 CG 领域还是在工程领域都得到广泛应用。3dsMax 等一批经典软件也纷纷在它的下一个版本中加入 NURBS 技术。

之后的软件发展,可以从 CG 领域和辅助工业设计(工程)领域两个方面来看。在 CG 领域,推动这类软件发展的,可以说主要是影视特效和动画消费带来的动力,但随着 Maya 等一批功能强大的软件出现,Polygon 模型逐渐成为了之后建模界的主流。我们现在在电视上看到的特效镜头几乎都是靠 Polygon 方式建模的,现在在影视方面有一套非常高效的建模流程,Maya + Zbrush 建模再加一套后期处理软件就做出了《指环王》《最终幻想》等电影。

为何 CG 领域抛弃 NURBS 选择 Polygon,其主要原因不是前者建模不如后者,在 CG 领域最重要的不是建模,而是紧随之后的贴图和渲染。NURBS 由于其本身缺陷,在法线贴图 UV 展开等技术方面不如 Polygon + 细分表面贴图高效。

但在工程领域,Pro/E、CATIA 等一批软件代表了发展的主流。工业设计中制造出产品是关键,而不是仅仅观看效果。NURBS 技术是基于数学表达的,因此 NURBS 模型是可以直接用于制造的,而 Polygon 模型若想转换为产品,必须将其 NURBS 化,或者数学化。因此,即使 Polygon 在工业建模上有应用,也只是用于设计前期领域,也就是概念模型领域。

但现在随着生产高效化的要求,很多情况下不允许进行二次建模,因此众多的工业设计软件都自带了强大的建模功能,但都是以 NURBS 为主的。

再看我们的建筑领域建模,早在 2000 年发表的文章《末代建筑师——看下一个一千年》中就说:"建筑在艺术和技术上具有双重滞后性。"仅从建筑模型这一块来看,事实确实是这样。仅就国内来看,现在建筑业的建模在市场上是用以 3dsMax 和 Sketchup 这种以 Polygon 建模为主的建模工具,3dsMax 现在在建模市场上是个中庸的产品,恐怕还只有建筑从业者在用,模型无法直接输出成图纸用于施工,渲染插件也极其有限,最终效果图往往需要在 PS 等软件中进行大量的后期处理。

但最近出现的 BIM 软件,软件将模型和技术图纸统一化了。这类软件属于以 NURBS 为核心的 CAM 软件,我个人认为建筑设计的最终目的在于建造,因此 BIM 这种比目前正在使用的软件流程更为高效和节省成本,应该成为以后的发展方向。

下面我们来看看 Rhino 中的网格(Mesh)对象。

网格(Mesh)就是 Polygon,它相关的工具集很少,位于 Rhino 的工具栏中,如图 7-23 所示。

网格工具极其有限,而且使用方法也很简单,这里就不多讲了,但是要随时提醒自己,这类工具只能针对网格对象,不能针对曲面对象,所以不要搞混了,最好将网格对象和曲面对象分层，用不同颜色表示。

虽然 Rhino 中有齐全的功能，但你可能有时候更习惯用 3dsMax 中的渲染器，或更习惯使用 Sketchup 建模，Rhino 仅作为辅助。有时候还需要将面导入 Ecotect 中进行分析，在将模型导入到这类软件中之前，你需要将全部曲面转换为网格。

我们来看看 Surface 转换为 Mesh 的选项参数，如图 7-24所示。

这个界面是简易设置界面，它的作用一目了然，可通过调节滑块来调节多边形的网络密度。网格面较少时模型粗糙，不精确，但面少，文件就小，占用资源少（Sketchup 处理的面个数极其有限）。网格面较多时模型精确，但产生的面很多，文件大，场景大的话很可能在导入 Sketchup 时直接导致卡死。

我们点击“高级控制”，看看手动设置参数，如图 7-25所示。

若是用于渲染的模型，请记住：一定要勾上“精细网格”，而且一定不要勾上“不对齐接缝顶点”。

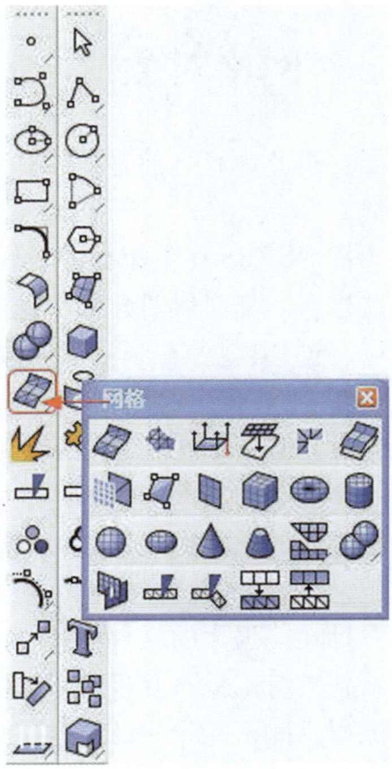

图 7-23 网格工具

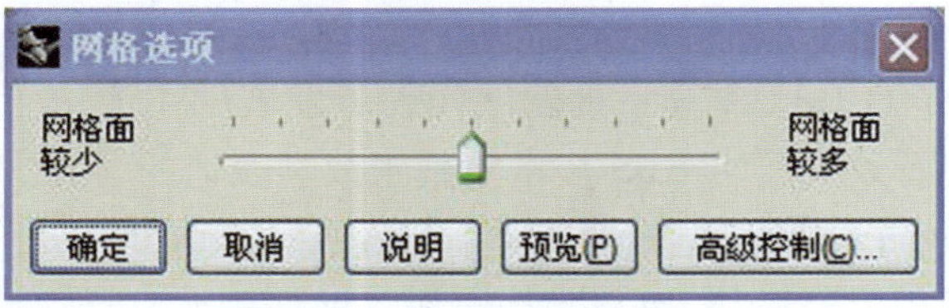

图 7-24 网格选项参数

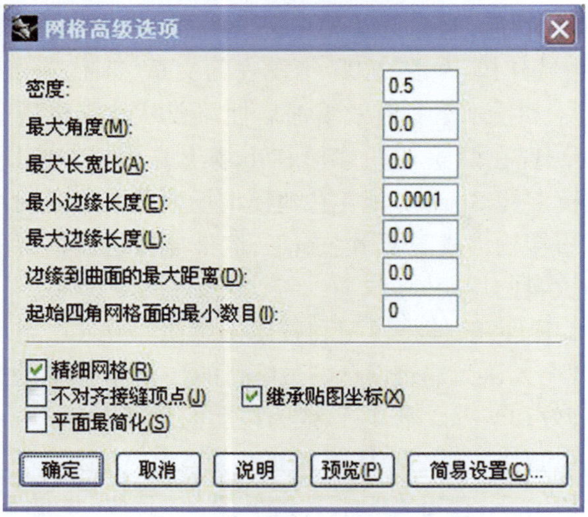

图 7-25 网格高级选项参数

如果不勾上“精细网格”的话，模型会比较粗糙；如果勾上“不对齐接缝顶点”的话，会导致结合得很好的边界特别是没有 Join 的边界在转化时裂开。

（1）密度：以一个方程式控制网格边缘与原来的曲面之间的距离，数值介于 0 与 1 之间，越大的数值建立的网格面越多。

（2）最大角度：比如说这个参数如果是 30，就表示模型曲面变形跨度，对应的曲面，如果其最大角度超过 30 度，那么对应这个部位的 Polygon 就要细化一次，然后根据预览效果再往下调。

（3）最大长宽比：如果此参数为 1，就表示 Polygon 上单个三角面或者四角面的长边和短边之比将接近于 1∶1；0 表示这个参数不起作用，默认为 0。

（4）最小边缘长度、最大边缘长度：这两个参数用来限制三角面或者四角面的边长的范围。

（5）边缘到曲面的最大距离：这个参数表示面差的距离，也就是转化得来的 Polygon 曲面到 NURBS 曲面的最大距离。

（6）起始四角网格的最大数目：设置网格转换开始时，每一个曲面的四角网格面数。也就是说，每一个曲面转换的网格面至少会是这个设定值的数目。这项值一般不会调整，没有实际意义。

第八章　高级工具集

学到如今，在 Rhino 的面板上，我们发现只有少数的命令没有用过了，这一类工具主要用于辅助建模，通常称作高级工具，本章的内容也比较简单，就是理解这些剩下的工具的用法，而且不存在难点。

8.1　从物件建立曲线

在 Rhino 中，除直接绘制曲线外，还提供了从现有物体中建立曲线的工具，通过将曲线投影到曲面上、复制边缘、复制边框等方法得到新的曲线（见图 8-1）。

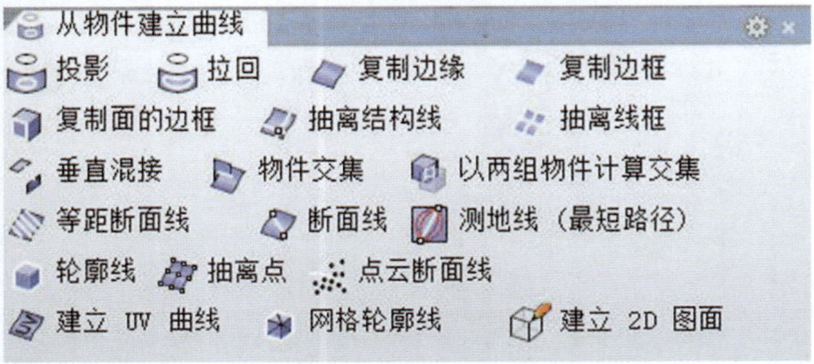

图 8-1　从物件建立曲线工具

8.1.1　投影至曲面

将曲线或点物体向工作平面的方向投影到曲面上，在正视图中看起来投影后的曲线和原曲线一样，投影后可在 Perspective 视图中使用投影后的曲线对曲面进行修剪（见图 8-2、图 8-3）。投影至曲面上的曲线结构非常复杂，可使用重建曲线命令将曲线简化，设置合适的控制点数重建曲线，避免曲线变形过大。

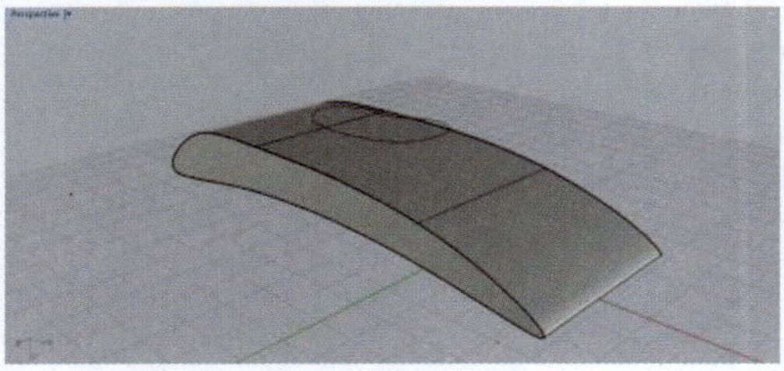

图 8-2　投影至曲面

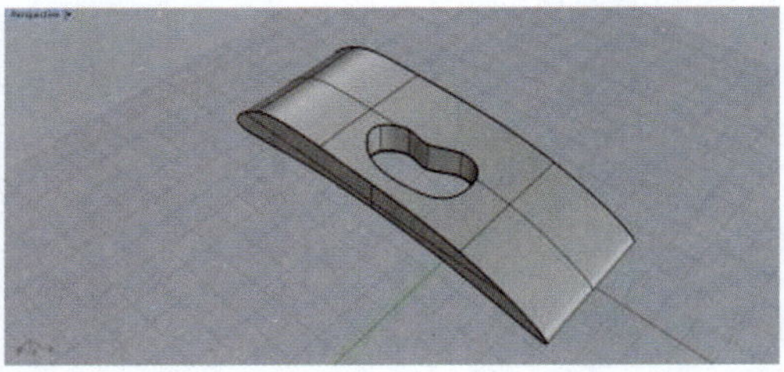

图 8-3　使用投影后的曲线修剪曲面

8.1.2　将曲线拉至曲面

以曲面的法线方向将曲线拉回到曲面上，可将环绕曲面的曲线拉至曲面上作为修剪曲线(见图 8-4 ~ 图 8-6)。

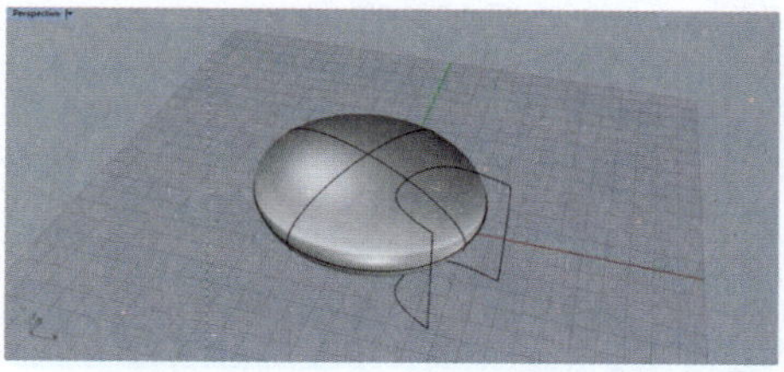

图 8-4　原曲线和 T - Splines 曲面

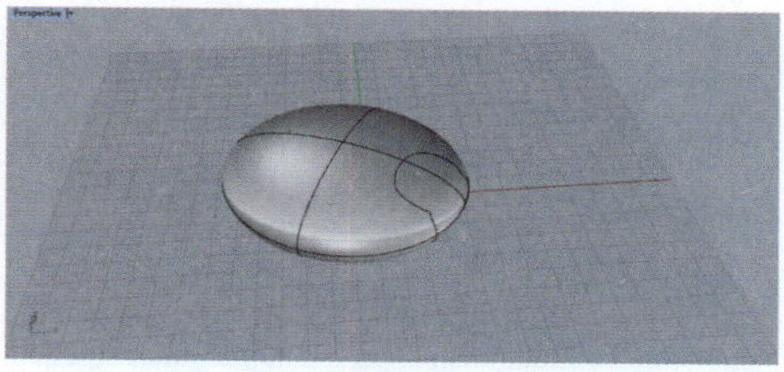

图 8-5　将曲线拉至曲面上

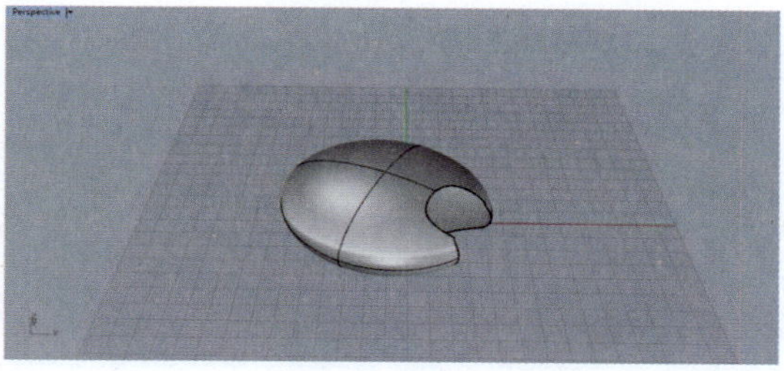

图 8-6　修剪

如果知道曲面上曲线的大概位置,可使用曲线命令画出一条曲线,移动曲线的控制点或编辑点调整曲线,使曲线的形状接近曲面,再使用将曲线拉至曲面命令将曲线拉至曲面上。

8.1.3　复制边缘、复制边框、复制面的边框

8.1.3.1　复制边缘

复制曲面的边缘为曲线。执行该命令后,选取曲面的边缘即可完成边缘的复制。从曲面的修剪边缘复制而来的曲线的控制点数及结构与之前用来修剪曲面的曲线不同。

8.1.3.2　复制边框

复制曲面、多重曲面或网格的边框为独立的曲线,对于多重曲面要复制所有的边框(见图 8-7、图 8-8)。

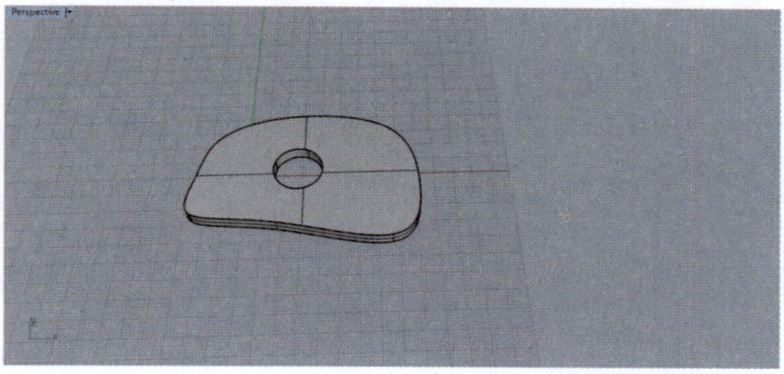

图 8-7　单个曲面

8.1.3.3　复制面的边框

复制多重曲面中个别曲面的边框为曲线。如图 8-9、图 8-10 所示为复制多重曲面中单个面的边框的效果。

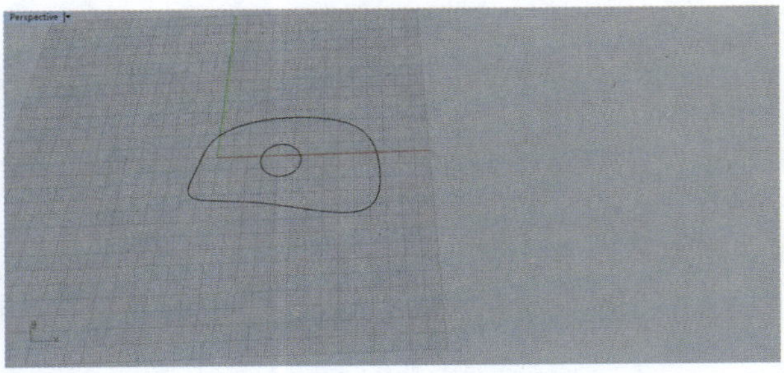

图 8-8　复制边框后

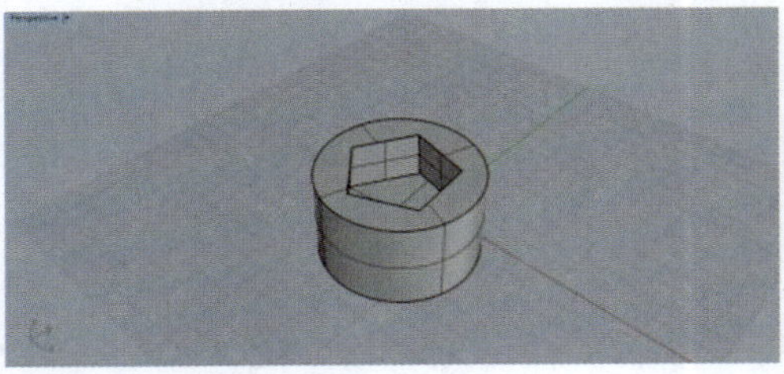

图 8-9　多重曲面

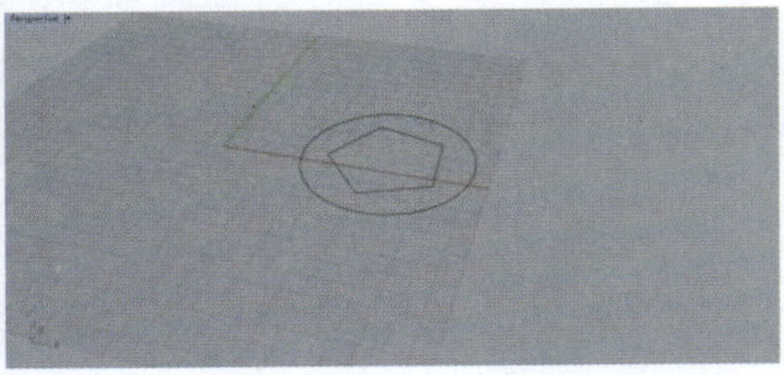

图 8-10　复制面的边框

8.1.4　抽离结构线与抽离线框

8.1.4.1　抽离结构线 抽离结构线

抽离曲面上指定位置的结构线为曲线。建立的是完全贴在曲面上 U 方向、V 方向或者两个方向的曲线。

步骤如下：

(1)选取一个曲面(见图 8-11)，鼠标的移动会被限制在曲面上，并显示曲面上通过光标位置的结构，如图 8-12 所示。

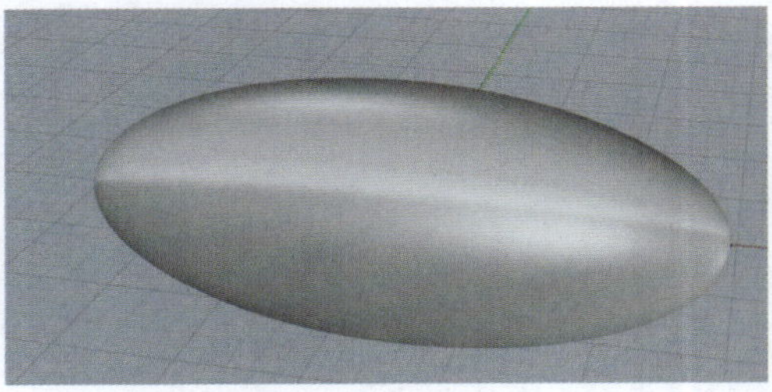

图 8-11　曲面

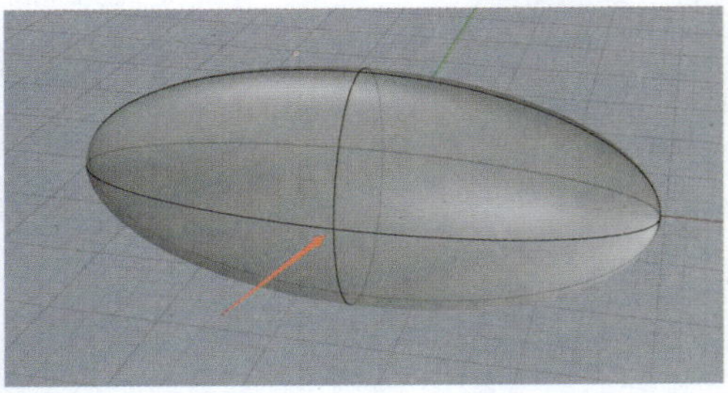

图 8-12　抽离结构线中

(2)指定一点建立曲线，如图 8-13 所示，在指定点时可借助“物件锁点”功能，也可在选项中通过“切换”在 U 或 V 方向上切换(见图 8-14)。

8.1.4.2　抽离线框 抽离线框

复制曲面或多重曲面在框架显示模式中可见的所有结构线(见图 8-15、图 8-16)。

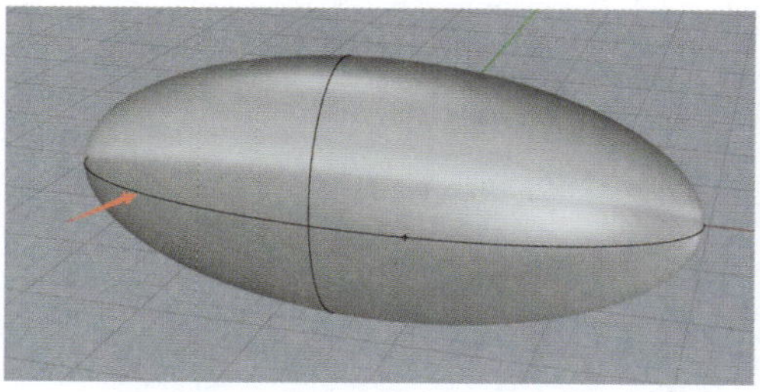

图 8-13 方向 U

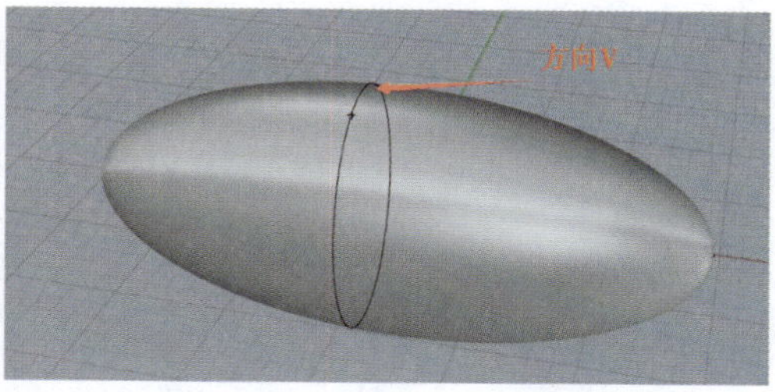

图 8-14 方向 V

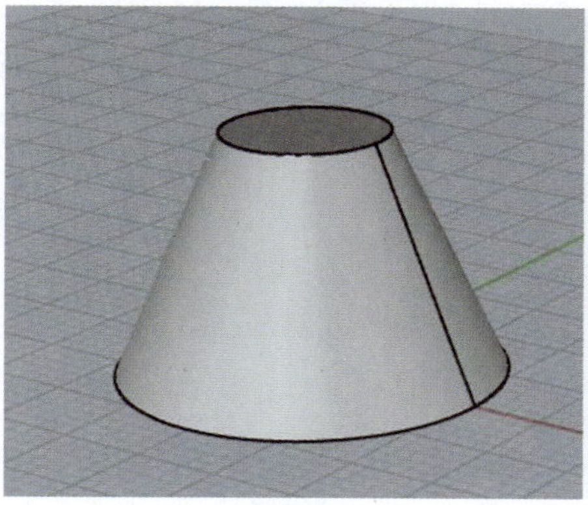

图 8-15 多重曲面着色显示模式

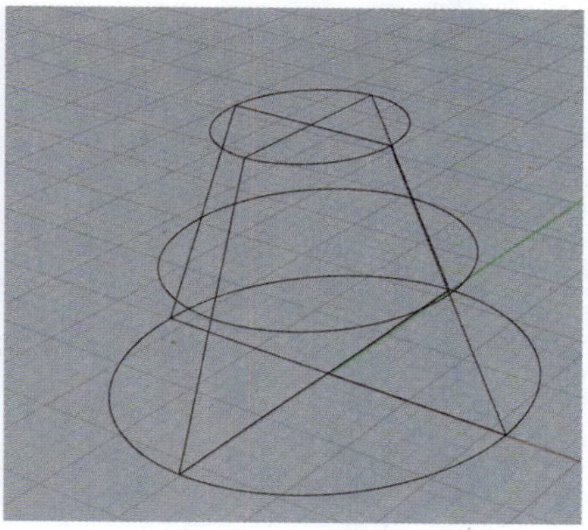

图 8-16 抽离线框

8.1.5 垂直混接

在两条曲线之间建立平滑的混接曲线(见图 8-17、图 8-18)。步骤如下:

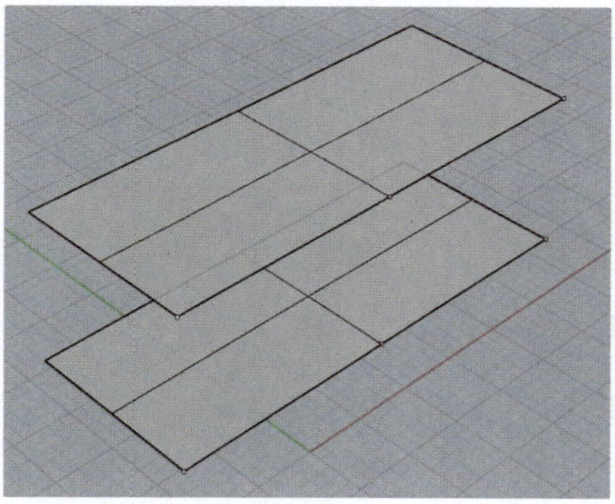

图 8-17 曲线

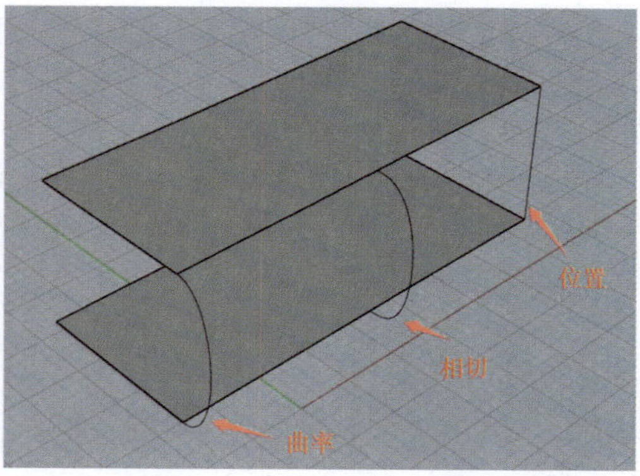

图 8-18 不同垂直混接连续性选项

(1)选取第一条曲线,选取时要靠近混接的端点处。

(2)选取第二条曲线,选取时也要靠近混接的端点处。

8.1.6 物件交集

在曲线或曲面的交集位置建立相交的点或者曲线。对图 8-19 中所示的五角体和平面使用物件交集工具后得到的曲线如图 8-20 所示。

步骤如下:

(1)选取要相交的物件。

(2)在两个物件交集的位置建立点或曲线。

图 8-19　五角体和相交平面

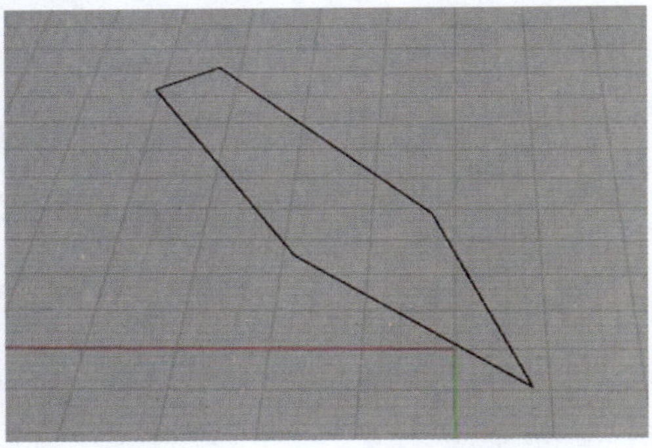

图 8-20　物件交集形成的曲线

8.1.7　断面线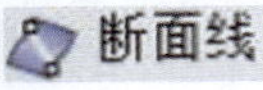

以一个切割平面与曲线、曲面、多重曲面或网格的交集建立平面曲线或点物体。

步骤如下：

(1)选取要建立断面线的物体(见图 8-21)。

(2)指定断面平面的起点。

(3)指定断面平面的终点，建立的断面线或断面点是一个与使用中工作平面垂直的平面和选取物体的交集(见图 8-22)。

(4)按 Enter 键完成命令(见图 8-23)。

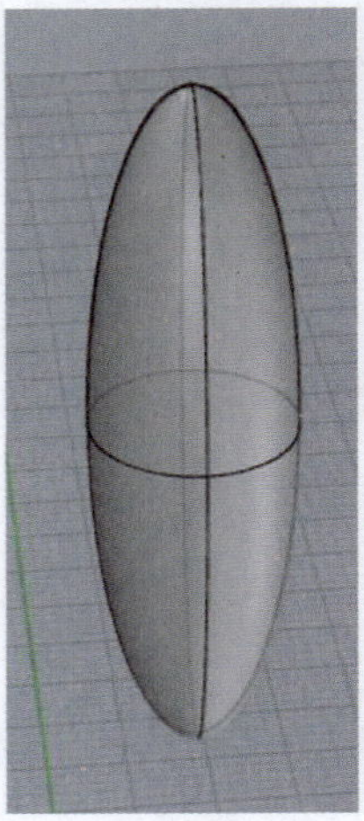

图 8-21　原曲线

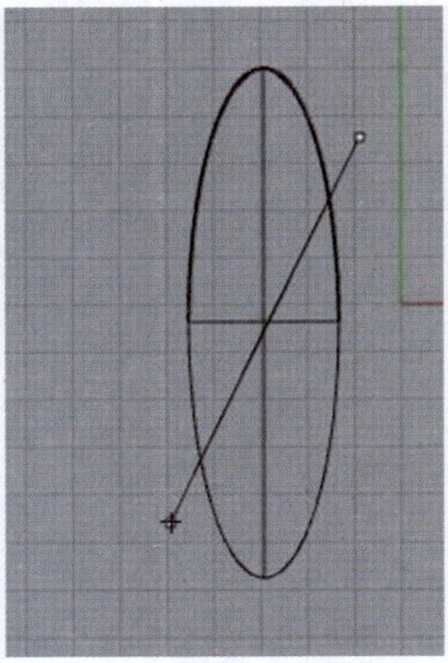

图 8-22　曲割平面

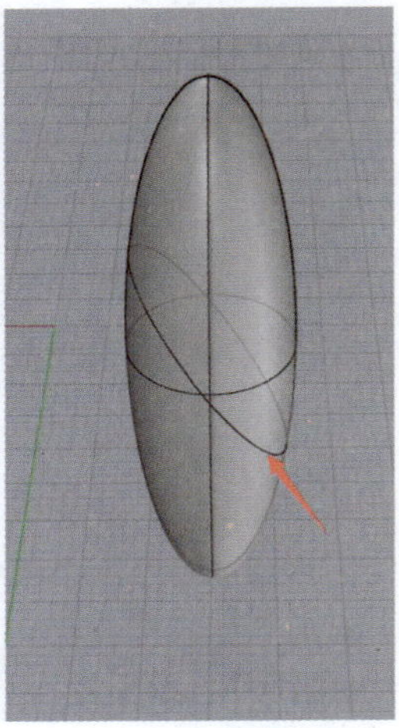

图 8-23　断面线

8.1.8 轮廓线 轮廓线

建立选取的曲面或多重曲面的轮廓线。

当看一个模型时，视觉边缘指的是模型与背景的交界，这个视觉边缘也称为模型的轮廓线。物体的轮廓线是由目前视图的视角方向所画出的。例如，当从上面看到一个环状体时，环状体的轮廓线是两个圆；当从侧面看环状体时，环状体轮廓线看起来是椭圆形。

8.2 物件变动工具

在 Rhino 的变动工具中，除了常用的移动、复制、旋转、缩放和镜射外，还有定位、阵列等复杂的变动工具，可进行扭曲、沿曲线流动等特殊的造型操作。

变动工具集如图 8-24 所示。

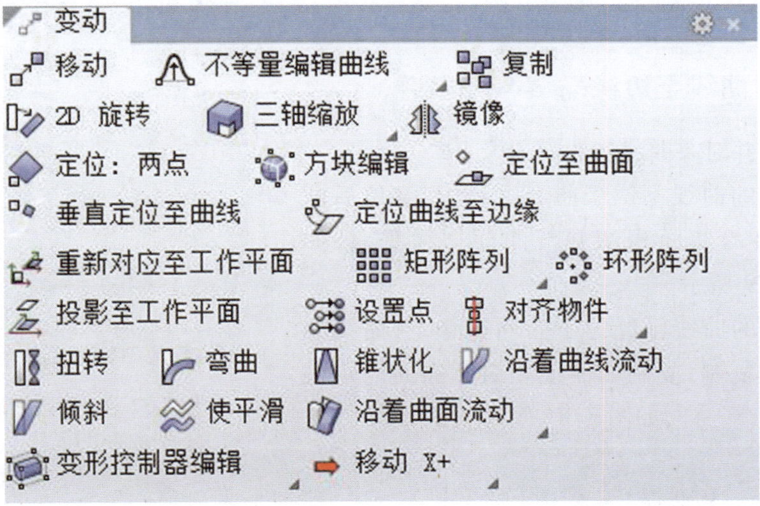

图 8-24 变动工具集

8.2.1 定位：两点 定位：两点

以两个参考点对齐到两个目标点将物件做定位。

步骤如下：

(1)选取要定位的物件。

(2)指定两个参考点，指定参考点的位置会显示点物件的标记(见图 8-25)。

(3)指定两个目标点，两个参考点会对齐到两个目标点，物件会被移动、缩放、旋转。将两个参考点移动到两个目标点的位置。

“定位：两点”选项为复制和缩放。

复制：复制定位物件。

缩放：缩放定位物件。

否：两个目标点为参考点的对齐方向，选取的物件并不会被缩放(见图 8-26)。

单轴：物件定位到目标点时会在两个目标点的方向上缩放。

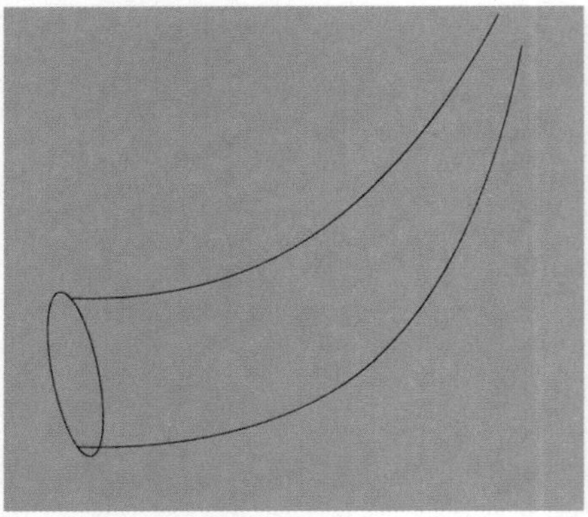

图 8-25　指定两个参考点

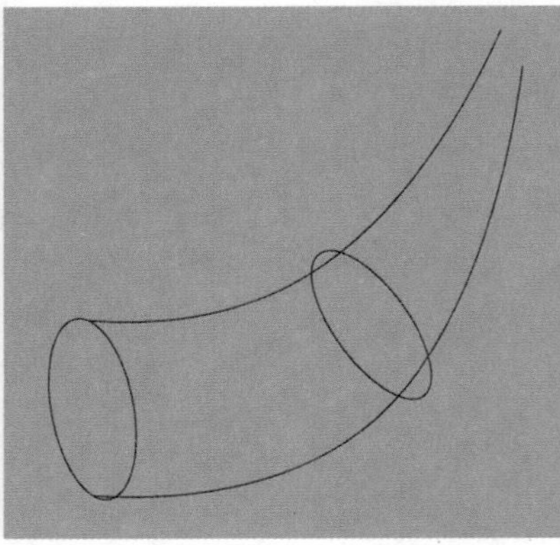

图 8-26　定位不缩放

双轴:物件定位到目标点时会做整体缩放(见图 8-27)。

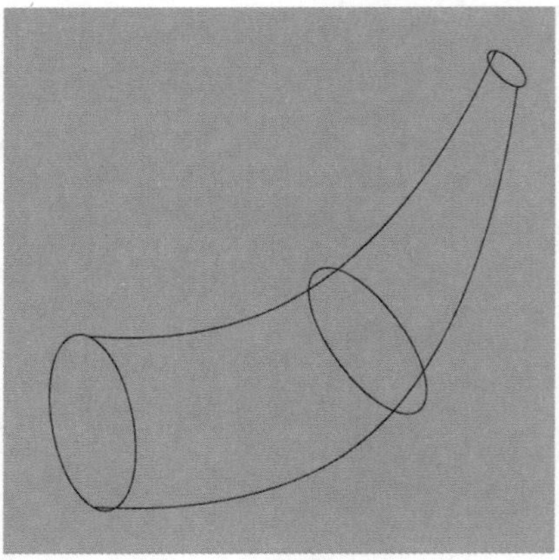

图 8-27　定位且整体缩放

8.2.2　定位曲线至边缘 

复制曲线并对齐曲线到曲面边缘上。

如果选取的曲线不位于曲面边缘上,定位后曲线的选取端会与曲面相切并与曲面边缘垂直,如图 8-28、图 8-29 所示。

如果选取的曲线已经位于曲面边缘上,曲线会沿着曲面边缘复制,复制的曲线相对于曲面的定位会和原来的曲线一样,如图 8-30、图 8-31 所示。

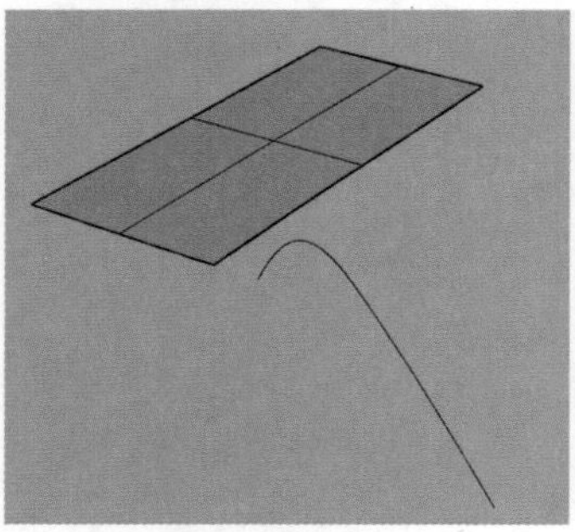

图 8-28　选取的曲线不位于曲面边缘上

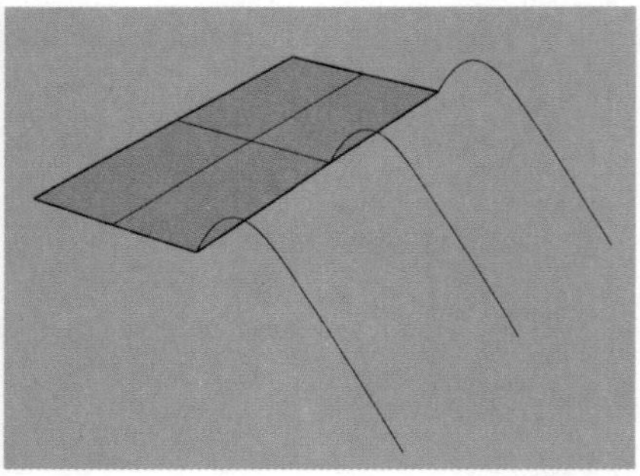

图 8-29　定位后

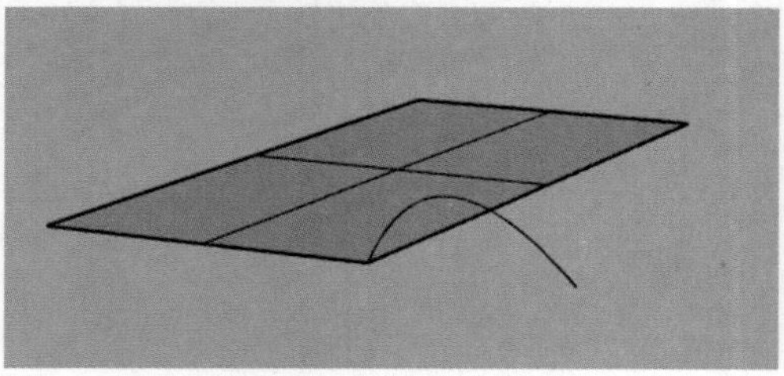

图 8-30　选取的曲线位于曲面边缘上

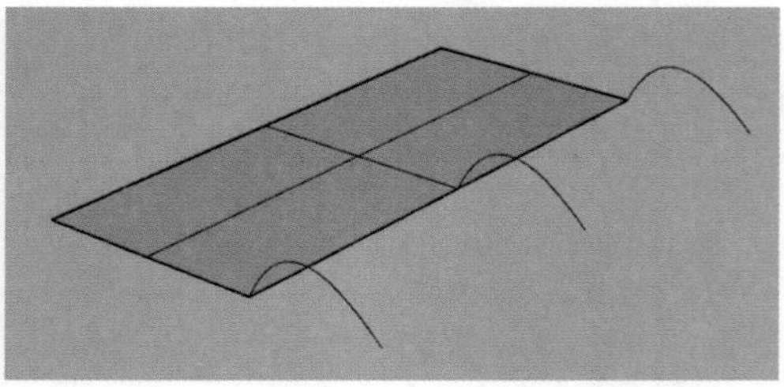

图 8-31　定位后

如果曲线选取端的切线方向和使用中工作视窗的工作平面 Z 轴平行，定位后的曲线会与曲面垂直，如图 8-32、图 8-33 所示。

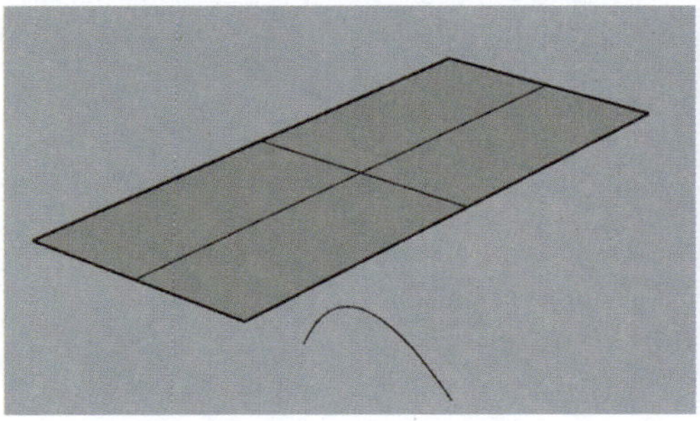

图 8-32　选取的曲线

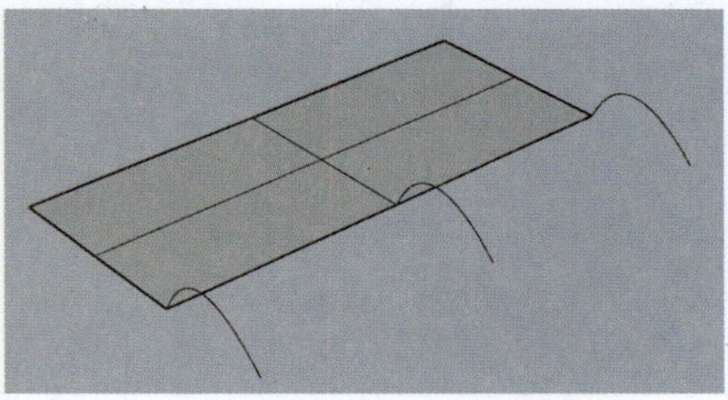

图 8-33　定位后

8.2.3　垂直定位至曲线 垂直定位至曲线

依照曲线的方向将物件定位到曲线上，如图 8-34 ~ 图 8-36 所示。

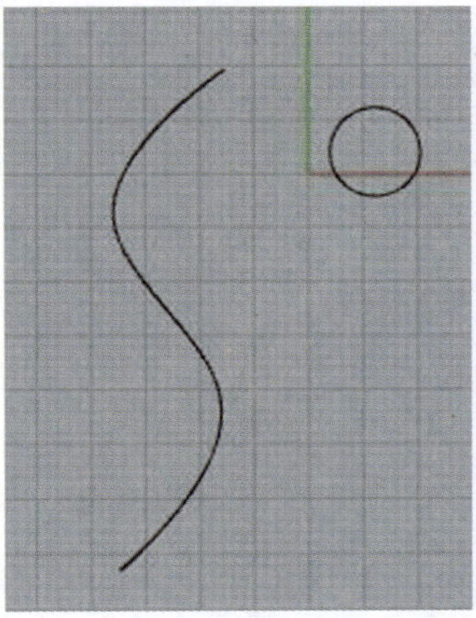

图 8-34　定位前

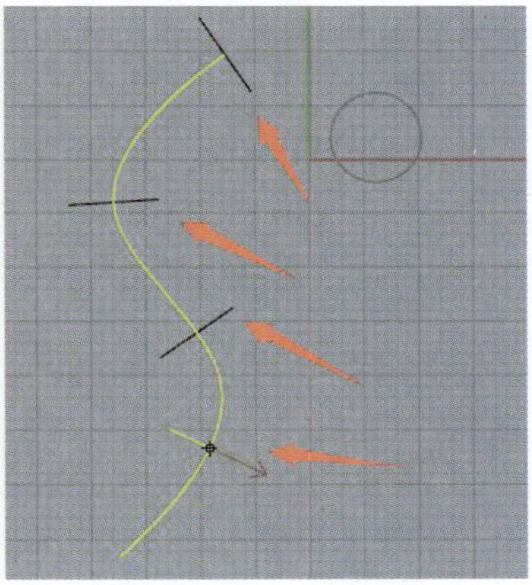

图 8-35　定位中

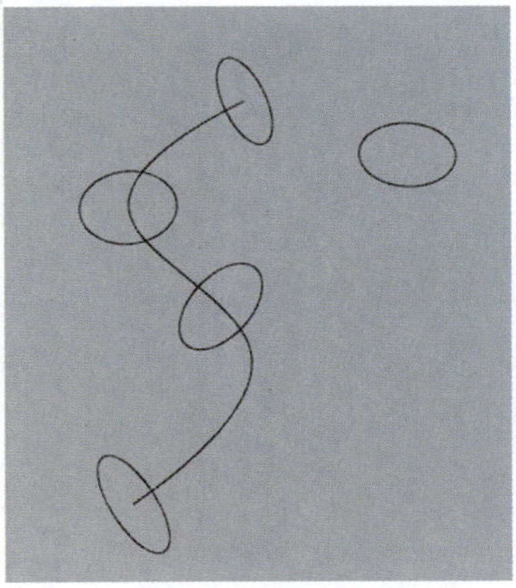

图 8-36　定位后

8.2.4　矩形阵列 矩形阵列

矩形阵列命令以指定的排数和列数放置复制物件，如图 8-37、图 8-38 所示。

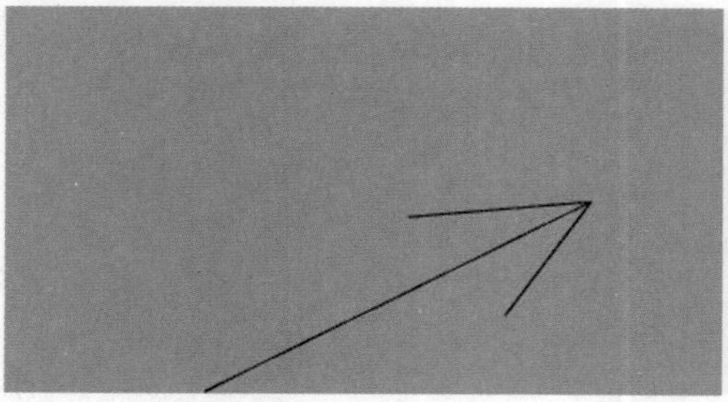

图 8-37　矩形阵列前

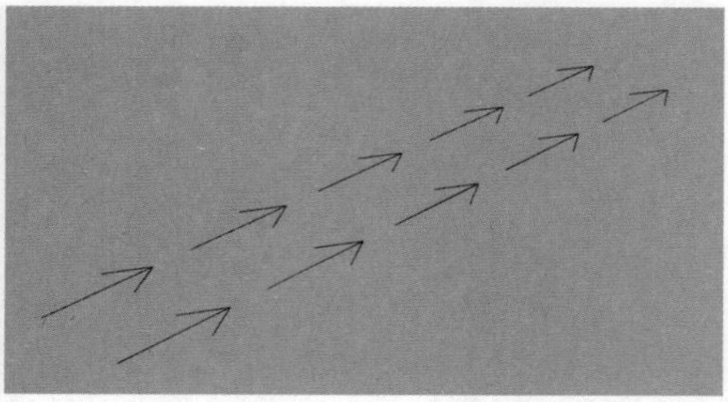

图 8-38　矩形阵列后

步骤如下:

(1)选取要阵列的物件。

(2)输入 X 方向的复制数,按 Enter 键。阵列的方向是使用中工作视窗的工作平面的 X、Y、Z 轴的方向。

(3)输入 Y 方向的复制数。

(4)输入 Z 方向的复制数。

(5)指定一个矩形的两个对角,定义单位方块的大小(X 和 Y 方向的间距)。

(6)指定单位方块的高度,按 Enter 键使用宽度间距,或输入 X 间距、Y 间距和 Z 间距的距离。

(7)预览阵列的结果,按 Enter 键接受,或改变阵列选项。

8.2.5　环形阵列 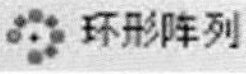

以指定的数目绕着中心点放置复制物件,如图 8-39、图 8-40 所示。

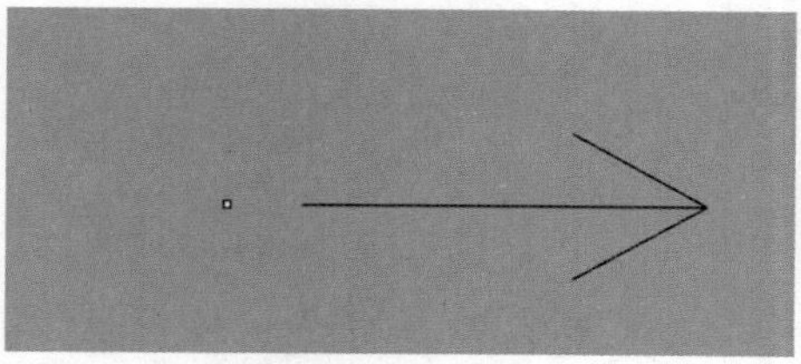

图 8-39　环形阵列前

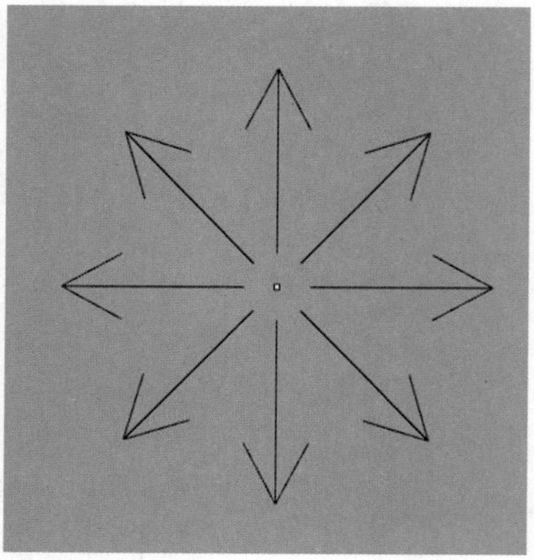

图 8-40　环形阵列后

步骤如下:

(1)选取要阵列的物件。

(2)指定环形阵列的中心点,环形阵列的旋转轴是通过旋转中心点且与使用中工作视窗的工作平面垂直的直线。

(3)输入项目数,按 Enter 键,输入数值必须大于等于 2。

(4)输入旋转角度总和,复制的物件会绕着由中心点定义的旋转轴排列。

8.2.6 单方向阵列

单方向阵列是 Rhino 5.0 新增的功能,可将物件沿指定的方向进行阵列,如图 8-41 ~ 图 8-43所示。

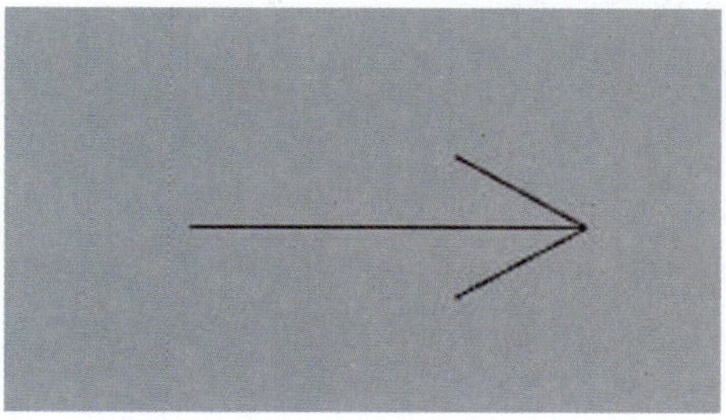

图 8-41 单方向阵列前

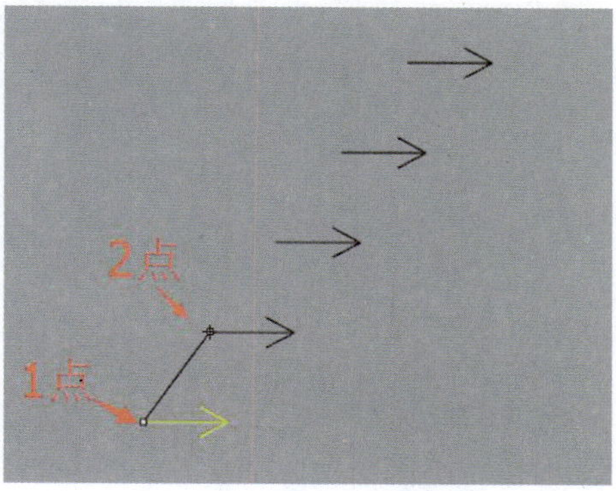

图 8-42 单方向阵列中

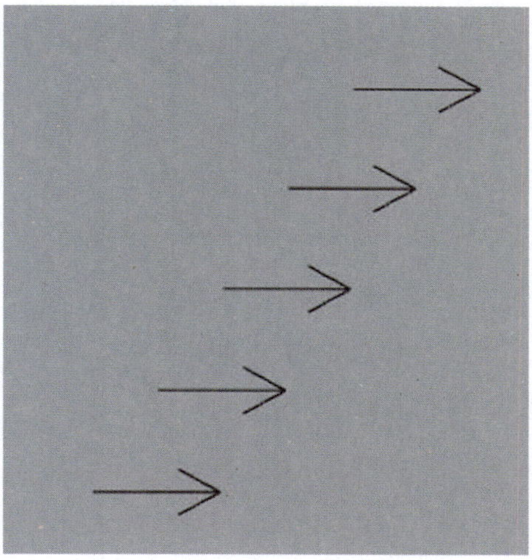

图 8-43 单方向阵列后

8.3 NURBS 曲面

我们在前面的章节中讲解了 NURBS 曲线的数学原理,若是明白了 NURBS 曲线再来理解 NURBS 曲面那就很容易了。我们在前面讲解很多工具时也断断续续地谈到了 NURBS 曲面的某些属性,在我们现在学完了几乎所有常用的曲面构成工具之后,现在来对 NURBS 曲面的原理做一个总结。

NURBS 曲面实际上就是两个方向上的 NURBS 曲线的组成。

一个完整的 NURBS 曲面通常具有以下三个要素：

(1) UV 线：一个 NURBS 曲面是由两个走向的结构线构成的，即 U 线和 V 线，如图 8-44 所示。

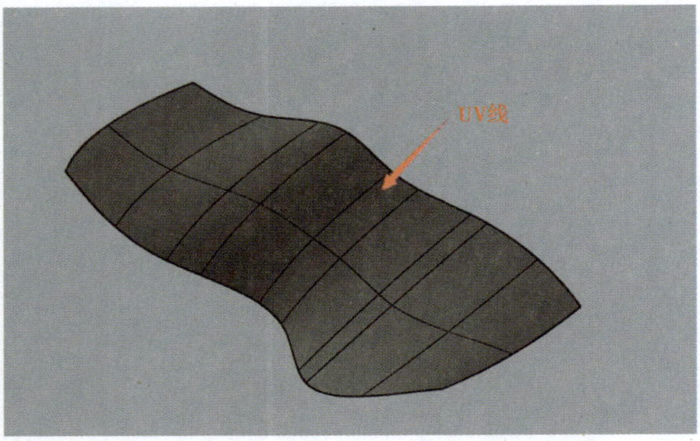

图 8-44 曲面的 UV 线

曲面的 U 线和 V 线分别具有各种的曲线阶属性。曲面就是靠 U 线和 V 线上的点密度确定该曲面的造型精细度的。

如图 8-45 所示为重建曲面选项。

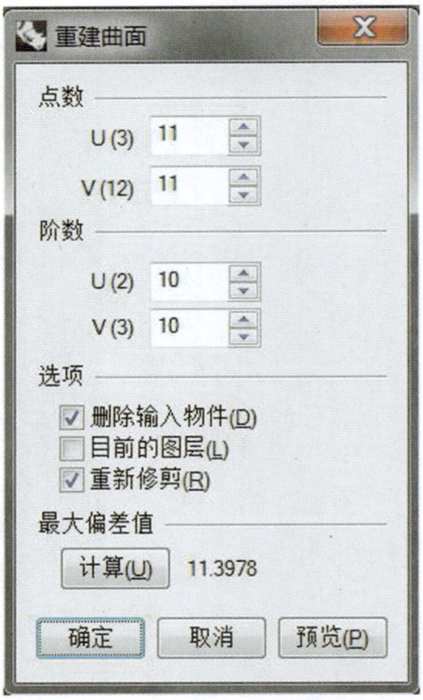

图 8-45 重建曲面选项

U 线和 V 线是相对的，不存在例如偏向 X 轴方向为 U 线，偏向 Y 方向为 V 线一说。我们可以使用方向分析工具(Dir)的 S 参数来调换曲面的 UV 线。

我们也可以使用抽离结构线工具(ExtractIsoCurve)来提取曲面的 UV 线。

(2) 曲面的边界：一个完整的 NURBS 曲面至少有两条边。当 NURBS 曲面只有两条边时，那这个 NURBS 曲面一定是完全闭合的曲面。例如球体、椭球体等。

我们可以执行 Showedge 命令打开曲面的边界，如图 8-46 所示。

我们可以看到，完全封闭的曲面(球体、椭球体)有两条完全重合的边界，半闭合曲面(圆锥体)有三条边界，开放曲面有四条边界。

(3) 曲面法线方向和 UV 方向：曲面的法线方向和 UV 方向是执行很多命令的关键，例如偏移、拉伸、贴图等。

对任意曲面执行刚才提到的 Dir 命令，可以查看曲面的法线方向和 UV 方向。如图 8-47 所示，白色箭头代表曲面的法线方向，红色箭头代表 U 线方向，绿色箭头代表 V 线方向。Dir 这个命令还可以反转法线方向和 UV 方向，以及反转 UV 结构线。

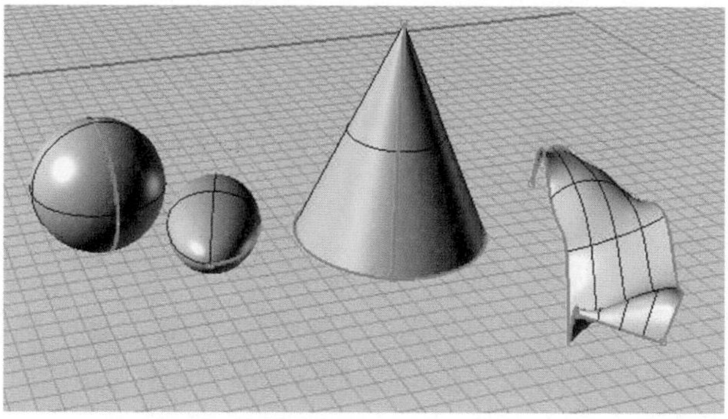

图 8-46　Showedge 命令打开的各种曲面边界

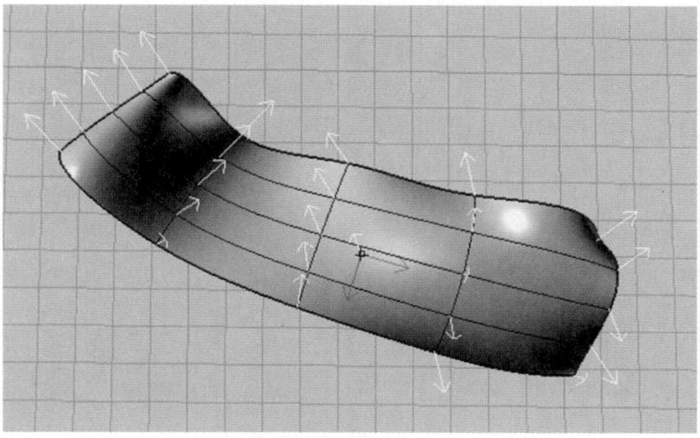

图 8-47　曲面法线方向和 UV 方向

第九章　Rhino 辅助工具

Rhino 的建模能力确实强大，建模这一部分前面已经介绍得差不多了，你现在可以说基本上已经入门，可以去尝试看更复杂的教程，因为不断追求更高才能获得进步。

但 Rhino 在后期表现，例如贴图、渲染、动画等方面，与现在其他一些主流软件相比，的确不算强，后面的课程我们会介绍 Rhino 的一些相关辅助和插件、渲染等功能。

9.1　图层控制

图层不只是 CAD 软件才拥有的功能，在 3D 软件中使用图层也可以更好地管理场景。尤其是当场景非常复杂的时候，对模型进行分类分层是非常必要的，这不仅仅是方便的问题。一开始学习时就能对图层正确使用可以帮助你建立良好的建模习惯，让你建立模型具有较强的可读性，有利于你和他人的配合。所以，我的建议是：永远使用图层。

点击标准工具栏上的按钮，我们可以打开图层工具。图层工具按钮还可以打开一个工具集，如图 9-1 所示，但这些功能我们平时几乎是用不到的。

图 9-1　图层工具集

Rhino 的图层面板如图 9-2 所示，锁定、显示和改变图层颜色都是我们在 AutoCAD 中使用惯了的，这里就不详述了。

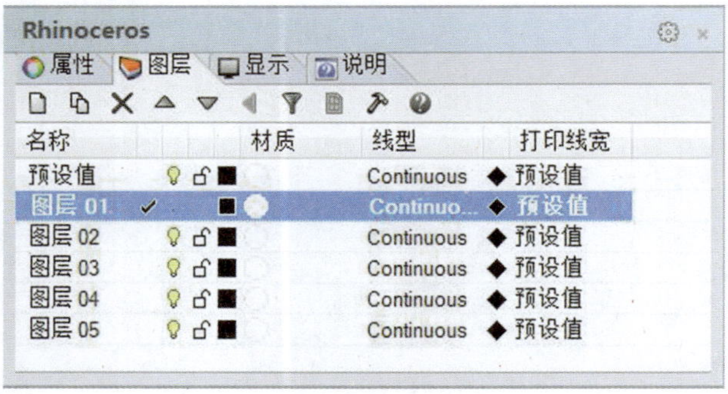

图 9-2　Rhino 的图层面板

也可以更改物体图层，如双击图层名称，就可以更改图层名字，如图 9-3 所示。

若希望更改物体图层，在选择物体之后，右击某个图层，就可以将其复制或更改到所选图层。

图层面板上的前三个按钮分别是新建图层、新建子图层和删除图层。

图层面板中的这两个三角箭头可以对图层进行排序。是将子图层移到最近一个父图层。

这两个工具分别为图层过滤器和图层选取器。一般不常用，除非当你的场景有大量的图层以至于难以管理时，可以使用这两个工具。

9.2 物件属性

物件属性工具位于标准工具栏上的按钮。在默认渲染器和没有特殊插件的情况下，物件属性工具面板包含物件、材质和纹理映射三个子面板，如图 9-4 所示。

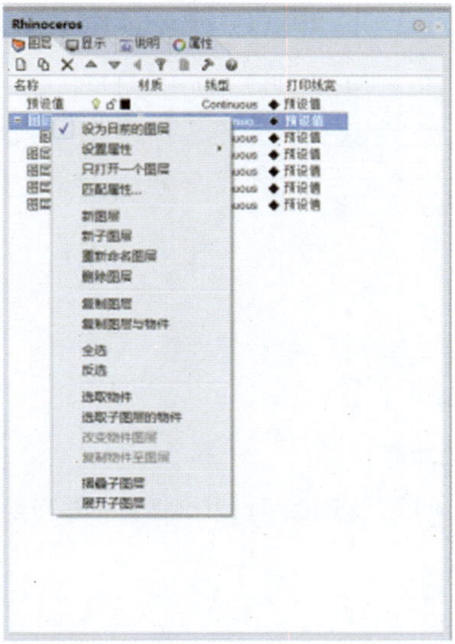

图 9-3　更改物体图层

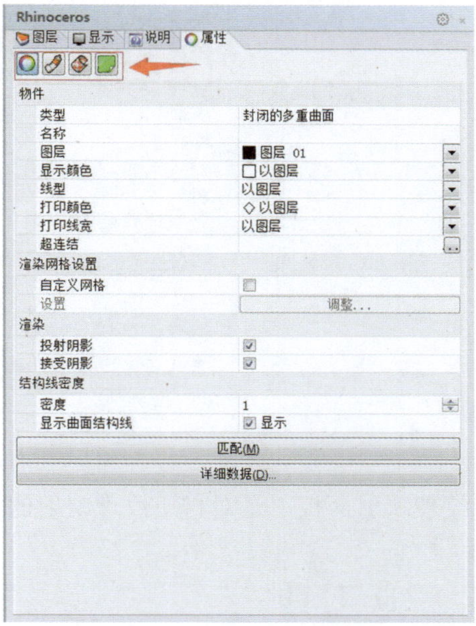

图 9-4　物件属性工具面板

物件、材质面板对应的功能如图 9-5、图 9-6 所示。

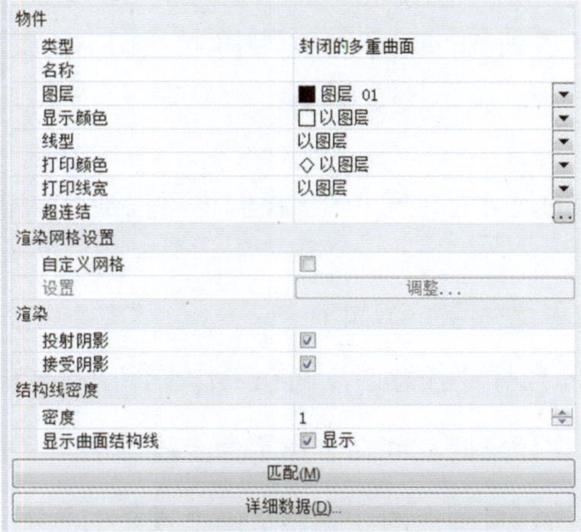

图 9-5　物件面板对应的功能

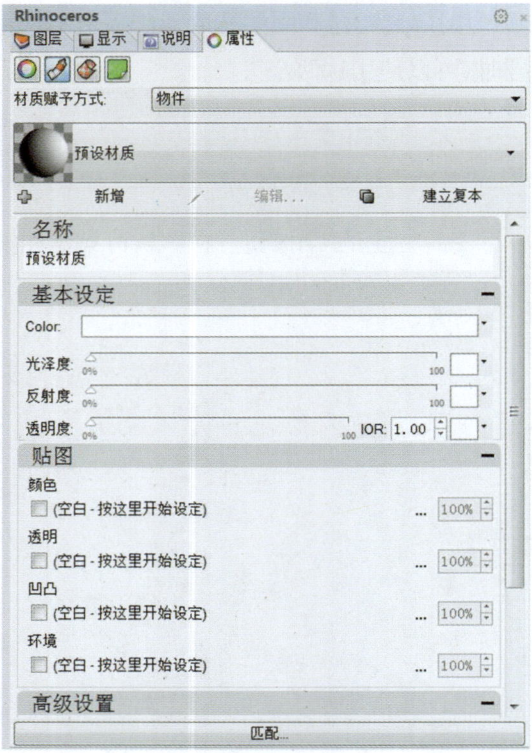

图 9-6　材质面板对应的功能

纹理映射面板下是对材质纹理映射的相关设置。何谓纹理映射,我们后面再介绍。

9.3　2D 工具

这部分工具有些 CAD 化了,因为 Rhino 本身也是一个 CAD 工具,具有完整的 CAD 功能,我们完全可以使用 Rhino 来画出我们的平面图和剖面图。但我们肯定更习惯使用 AutoCAD,在 Rhino 模型需要导入到 AutoCAD 等工具中时,我们也需要使用到这部分工具。

9.3.1　标注工具

标注工具位于菜单栏的尺寸标注菜单中,我们也可以通过右击工具栏空白处来打开尺寸标注工具集,如图 9-7 所示。

尺寸标注工具集中的主要命令介绍如下。

直线尺寸标注(Dim):标注任意两点间在工作平面上投影的水平距离和垂直距离。

水平尺寸标注:标注任意两点间在工作平面上投影的水平距离。

垂直尺寸标注:标注任意两点间在工作平面上投影的垂直距离。

直线尺寸标注 = 水平尺寸标注 + 垂直尺寸标注。

对齐尺寸标注(DimAligned):标注任意两点间在工作平面上投影的直线距离。

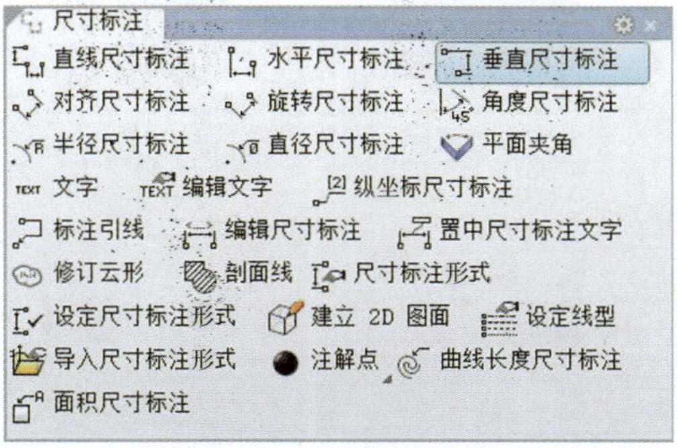

图 9-7　尺寸标注工具栏

旋转尺寸标注(DimRotated):该命令可以倾斜标注,首先用鼠标或者参数确定倾斜角度,然后以这个角度来进行标注。

角度尺寸标注(DimAngle):标注任意两条直线在工作平面上投影的夹角。

半径尺寸标注(DimRadius):标注曲线或圆、椭圆等在工作平面上投影的半径。

直径尺寸标注(DimDiameter):标注曲线或圆、椭圆等在工作平面上投影的直径。

文字(Text):输入文字。它和 Textobject 命令的区别在于,Text 命令产生的文字不是物体,不具有可编辑的三维属性。

编辑文字(PropertiesPage):用于修改文字工具产生的文字。可以进行内容、字体、大小等修改。

纵坐标尺寸标注(DimOrdinate):可理解为标高工具。

标注引线(Leader):产生引述说明箭头和引述内容。

剖面线(Hatch):可理解为进行填充的工具。

9.3.2　Make2D

我们往往需要把模型的 2D 视图或者剖面图导入到 CAD 中进行再加工,可以直接在视图下导出模型生成的 DXF 或者 DWG 文件,其实质是完整的带有 3D 信息的模型,不仅模型很大,而且结构线也会导出,若是场景很大,我们处理这些结构线很花很多时间。

如果直接将模型(见图 9-8)导入到 CAD 中,会出现很多与模型无关的结构线,如图 9-9 所示。

使用 CAD 三维观察器,其实质是三维模型信息,如图 9-10 所示。

因此,我们在导出 2D 图形前,往往要使用 Make2D 工具将模型转换为 2D 图形。

2D 图面选项如图 9-11 所示。其选项非常简单,我们使用默认的就行,现在导出的四视图将不存在结构线信息,这时再导入到 CAD 中就会容易处理得多,如图 9-12 所示。

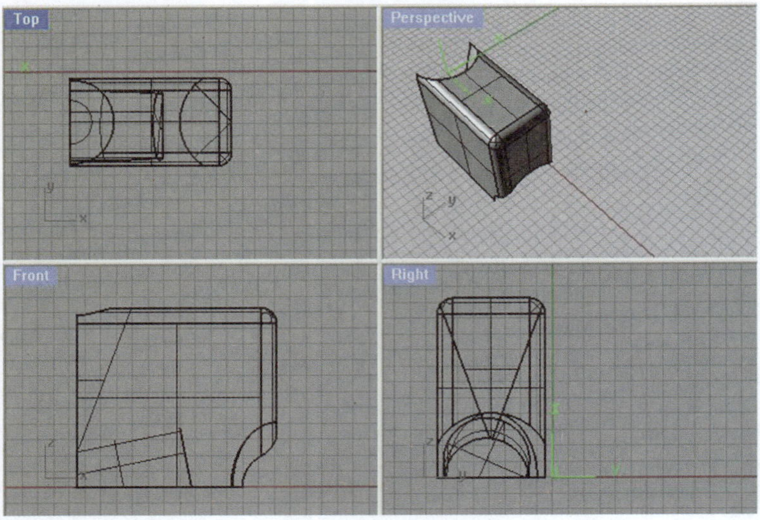

图 9-8　Make2D 模型举例

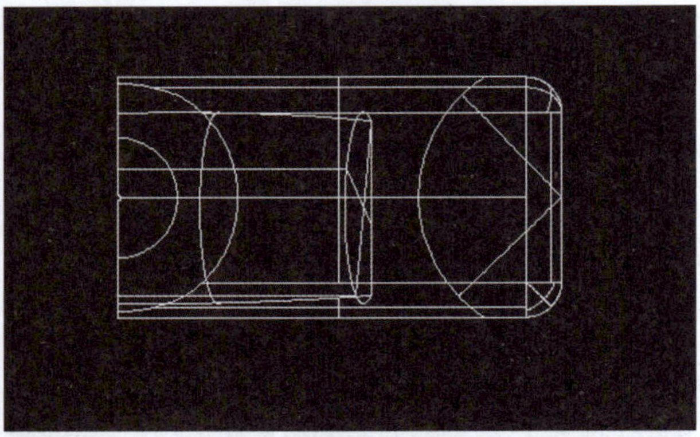

图 9-9　模型导入到 CAD

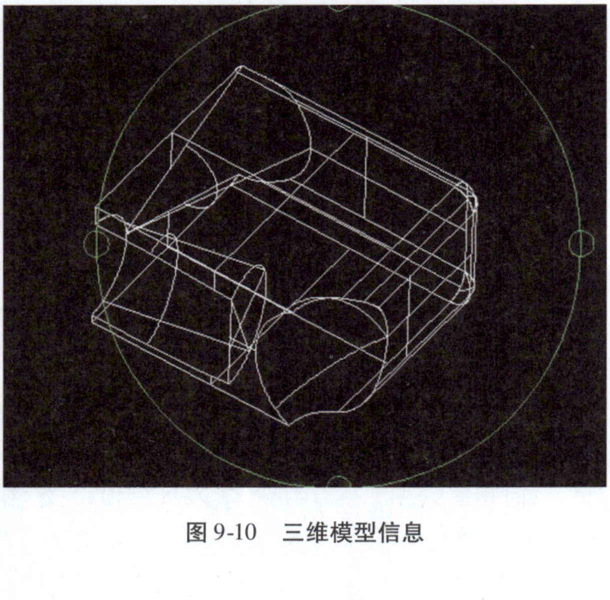

图 9-10　三维模型信息

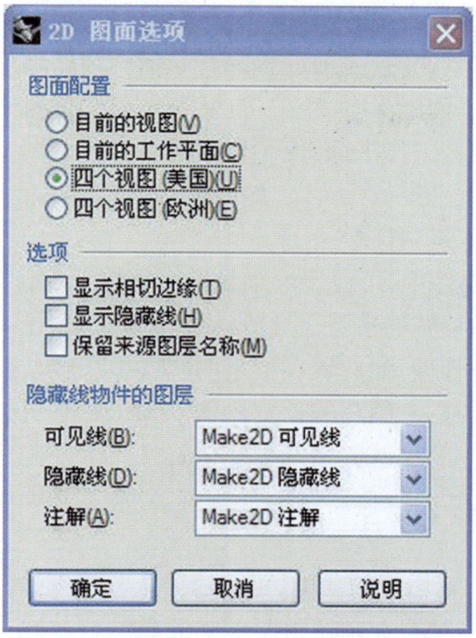

图 9-11　2D 图面选项

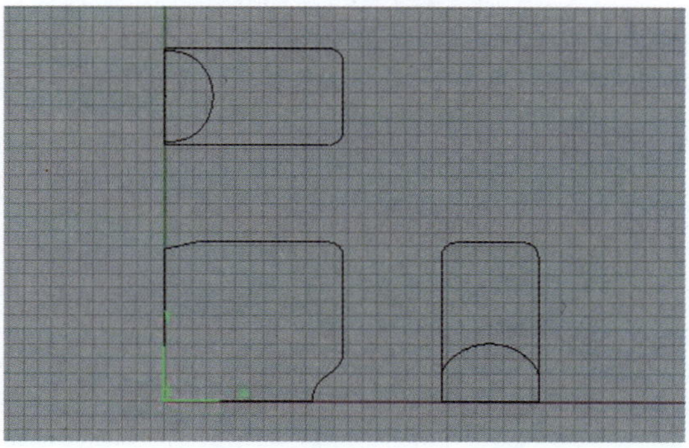

图 9-12　转换后导入 CAD 中

9.4　导入图片

对于比较复杂的模型，一般需要使用实物图片或概念设计草图作为建模的参考，以提高建模的准确性和速度。

在 Rhino 中导入参考图片前需要选择合适的图片，尽量以正规图为主，为了便于后续的操作，一般需要使用图像处理软件对图片进行处理。

在 Rhino 中导入参考图片主要有三种方法：使用背景图工具导入图片、使用材质导入图片（使用物体材质属性的贴图来显示图片），以及使用 Rhino 5.0 的新功能图框平面来导入图片。

9.4.1　使用背景图工具导入图片

使用背景图工具可以在工作视图中放置和调整背景图，作为描绘和设计分析的参考。

作为建模辅助的物体，背景图不会出现在渲染图像中。其缺点是一个工作窗口只能放置一个背景图，当放置第二个背景图时，先前放置的背景图会被删除。

背景图通常会和工作平面的 X 轴对齐，如果需要与其他轴对齐，必须在图像处理软件中编辑该背景图，也可以旋转工作平面，使工作平面对齐背景图。

9.4.2 使用材质导入图片

在 Rhino 的基本材质属性中，可设置渲染显示于物体上的位图，利用这一功能可在平面物体上显示背景图片，作为绘图的参考。此方法的优点是可在一个视图中放置不同方向的平面物体，像物体一样进行管理，如放置在指定的图层中、锁定、隐藏等。

平面物体的尺寸必须与参考图片的长宽比例一致，若不一致，导入的图片会变形，图片的长宽比例将按照平面物体的比例关系发生变化。

9.4.3 使用图框平面导入图片

图框平面是 Rhino 5.0 新增加的功能，可快速导入参考图片。

在边栏 1 中的建立曲面工具列中单击图框平面图标，弹出“打开”对话框，选择需要的图片，则建立一个附有该图片文件的矩形平面，图框平面的长宽比例与图片文件一致。

具体操作步骤如下：

(1)执行图框平面命令，在打开的“图片”对话框中选取图片文件。

(2)指定图框平面的一个角点，可借助物件锁点工具进行捕捉或通过正交模式来确定方向。

(3)指定另一个角点或输入长度。

将图框平面进行缩放、移动、旋转等操作，并放入指定图层，锁定该图层，以防止在绘图中误选图框平面。

第十章　渲　染

渲染是我们完成建模表达的最后一道工序，也是最为重要的一道工序。我们所耗费的所有精力就靠这一步来决定建模成败。渲染是一个既独立又专业的课题，目前你们所听说过的任何渲染器都值得用整整一部几十万字的教程来讲解。KeyShot 采用 HDRI 照明技术，能非常方便及真实地照亮场景，实时渲染。

10.1　KeyShot 渲染相关知识

10.1.1　KeyShot 界面

KeyShot 界面主要包括菜单、实时窗口和主工具列（见图 10-1）。

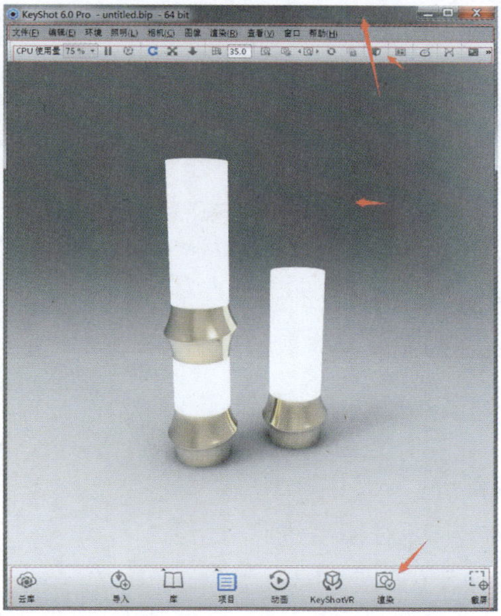

图 10-1　KeyShot 界面

10.1.2　基本操作

10.1.2.1　快捷键

使用快捷键可快速进行操作，按键盘的 K 键可显示 KeyShot 快捷键设置情况，主要有相机、环境、文件、常规、界面、材质、实时和动画相关的快捷键设置。

10.1.2.2　首选项

KeyShot 的“首选项”对话框中主要有“常规”、“界面”、“文件夹”、“插件”、“颜色管理”和“高级”6 个选项卡，一般保持默认选项即可（见图 10-2）。

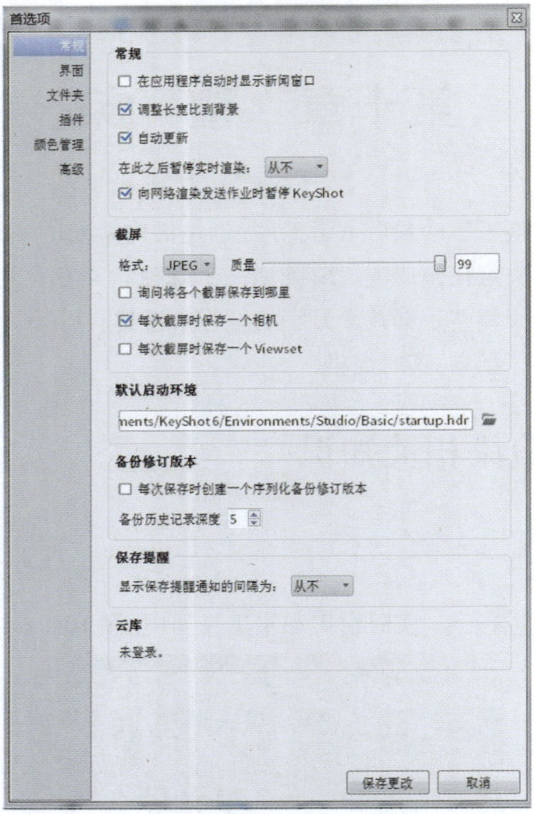

图 10-2 “首选项”对话框

其中“文件夹”选项卡使用比较多，主要用于查看纹理、背景、环境、材质、渲染、场景、动画、材质模块等文件保存的路径位置，尤其是查看渲染后文件的保存位置。

10.1.2.3 实时窗口

实时窗口主要包括两部分：一部分为 3D 模型文件的显示窗口，在窗口中可对模型进行移动、赋予材质、相机调整等操作（见图 10-3）。另一部分为主工具列，主要有导入、库、项目、动画、截屏和渲染等图标。主工具列一般位于实时窗口下面，也可以移动到实时窗口的左侧。在主工具列区域按住鼠标右键会出现设置工具列大、中、小和显示/隐藏文字的右键菜单。

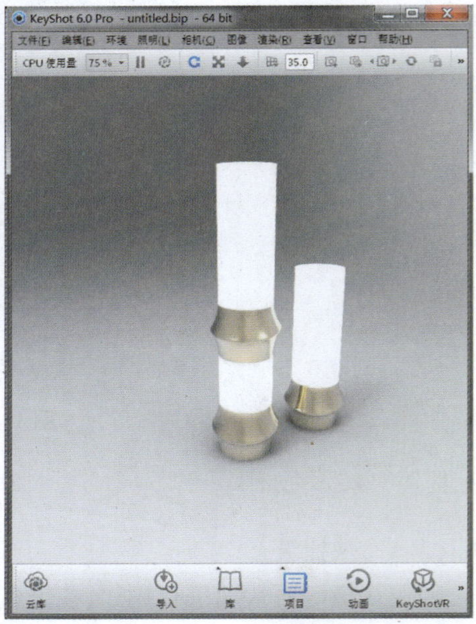

图 10-3 实时窗口

10.1.2.4 库

单击“库”图标，可访问库。KeyShot 库会预先输入 KeyShot 储存在默认文件中的材质、环境、背景图和纹理等文件，也显示 KeyShot 渲染完成的图片。具体的储存位置可通过“首选项”对话框中“文件夹”选项卡查看。库类似于操作系统中的浏览文件,可新建文件夹、导入或导出内容。

“库”窗口被分为上、下两部分,上部分显示库文件的目录结构,下部分以图标的形式显示被选择库文件中的具体内容,可在库中选择欲使用的材质或环境等文件,拖动到实时窗口中,进行赋予材质、设置环境等操作。

KeyShot 库主要有“材质”、“环境”、“背景”、“纹理”和“渲染”选项卡,主要作用如下:

“材质”选项卡显示了系统默认安装的材质文件,主要有布及皮革(Cloth and Leather)、宝石(Gem Stones)、玻璃(Glass)、发光(Light)、液体(Liquids)、金属(Metal)、杂乱的(Miscellaneous)、油漆(Paint)、塑料(Plastic)、丝(Soft Touch)、石材(Stone)、透明(Translucent)、木材(Wood)等类型,涵盖了常用的材质类型。

“环境”选项卡提供了室内、室外和工作室中常用的照明文件,一般为 HDRI 高清动态贴图文件,也可以作为渲染图像的背景。

“背景”选项卡提供了常用的模型材质的纹理贴图文件。

“渲染”选项卡可显示渲染文件夹中已渲染的文件。

10.1.2.5　**项目**

单击“项目”图标 ,或按空格键可快速访问项目。

项目是当前场景文件、场景中使用的材质、环境文件、相机设置和图像设置的综合,在项目中可进行复制、删除三维模型,编辑材质,调整环境照明,调整相机等操作(见图 10-4)。

“项目”对话框中主要包括“场景”、“材质”、“环境”、“照明”、“相机”和“图像”6 个选项卡。

1.“场景”选项卡

在“场景”选项卡中显示模型、相机和场景设置。在其“模型”选项中会显示导入模型的文件名称、图层名称等原始信息,通过单击模型名称前的“+”来展开物体的层级,单击“-”关闭物体的层级。在“首选项”中可打开“选择物体高亮显示”选项,以便查看选择状态。通过选中或取消选中“场景”选项卡中的复选框来隐藏、显示整个模型或某个部件,也可以选择模型或单个部件后,在右键菜单中进行相应的操作(见图 10-5)。

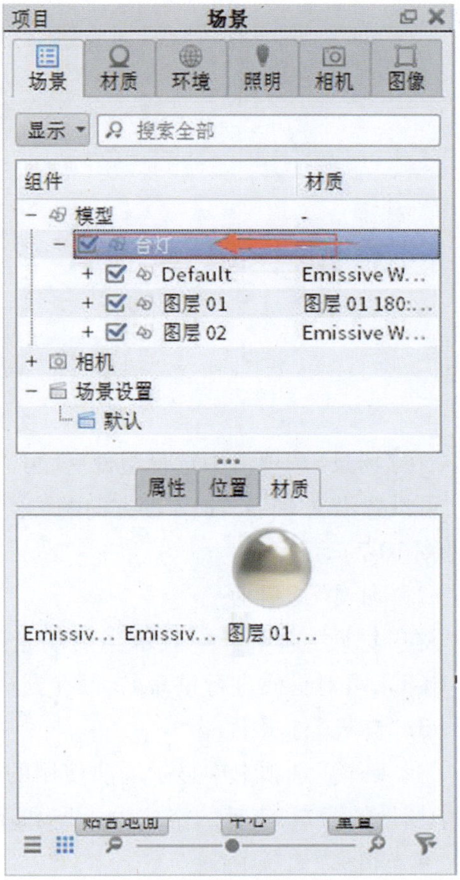

图 10-4　“项目”对话框

在“相机”选项中可切换不同的相机,在相机列表中默认的活动相机显示为淡蓝色底纹,在相机列表中选择非活动相机后,在右键菜单中选择“设为活动相机”(见图 10-6)即可在不同相机间切换。

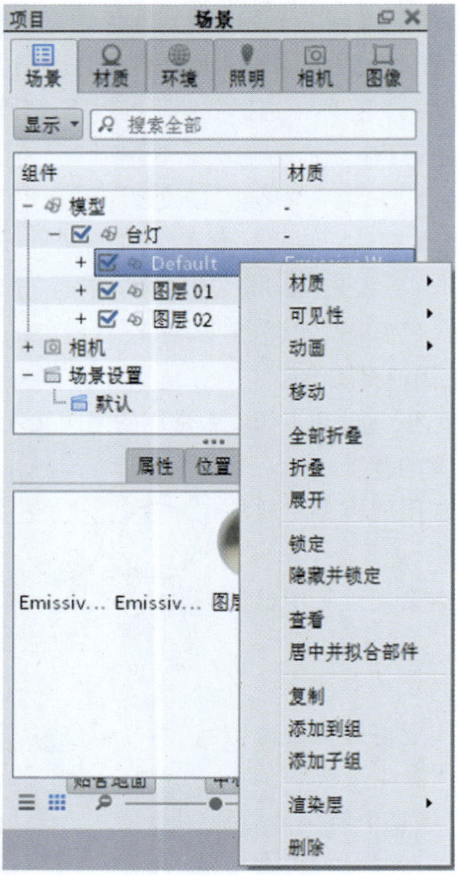

图 10-5　**右键菜单**

在"场景"选项卡中选择组件后，可查看各组件的材质，进行平移、旋转、缩放等位置操作，可设置沿 X 轴、Y 轴、Z 轴方向的位置操作，也可使用组件贴合地面、居中（中心）或重置（见图 10-7）。

2."材质"选项卡

在"材质"选项卡中显示当前场景所使用的材质，双击材质球，会显示材质属性（见图 10-8），可对材质进行重命名、保存到材质库、改变材质类型、修改纹理及标签等操作。

3."环境"选项卡

在"环境"选项卡中显示当前使用的环境图像，环境图像可为场景提供照明，或者作为渲染场景的背景，支持的格式为. hdr 和. hdz，具体使用方法详见 10.5 节。

4."相机"选项卡

在"相机"选项卡中显示当前使用的相机。在"相机"下拉菜单中选择场景中可使用的相机，选择相机后，实时窗口会切换到新的相机，可以保存或删除相机，具体使用方法详见 10.7 节。

5."设置"选项卡

在"设置"选项卡中显示当前渲染输出设置情况，主要为分辨率、调整、质量、高级和特效等选项，具体使用方法详见 10.6 节。

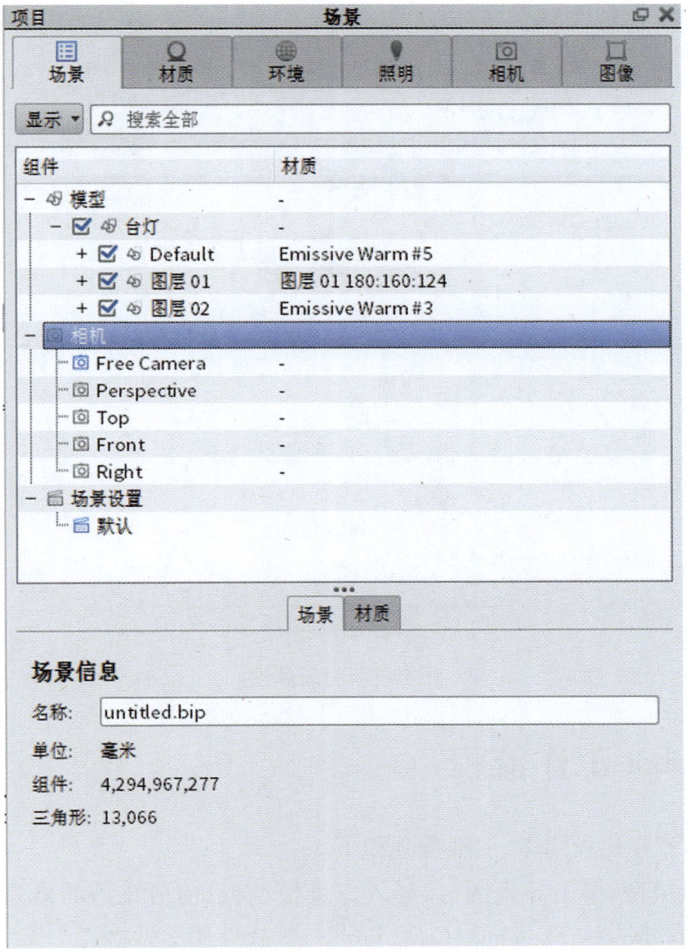

图 10-6 “相机”选项

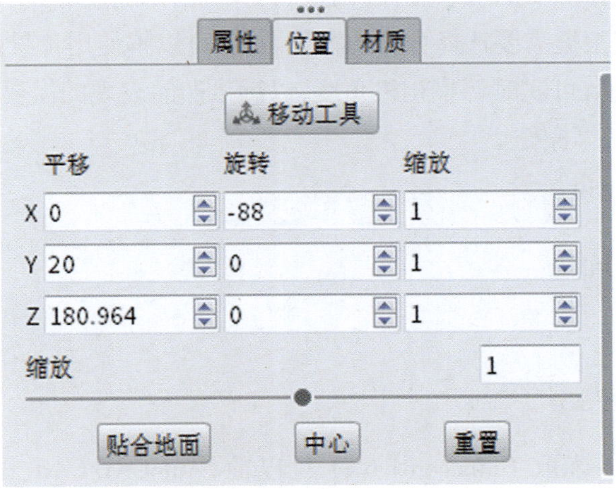

图 10-7 位置操作

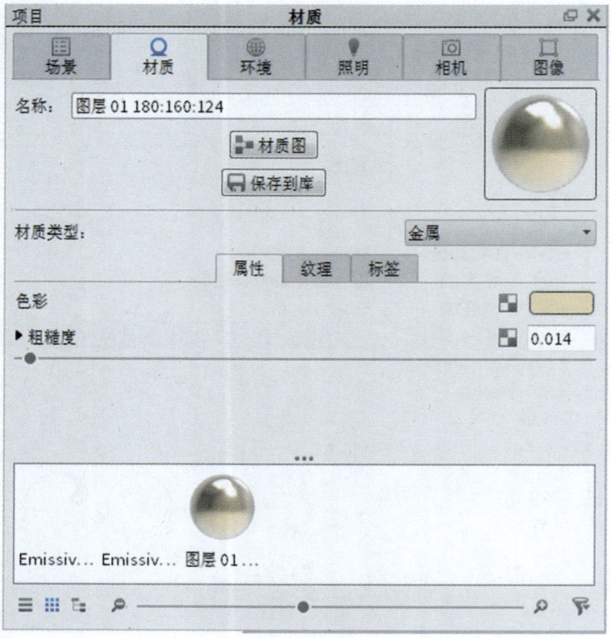

图 10-8 材质属性

10.2 KeyShot 工作流程

KeyShot 工作流程比较简单，一般流程如下。

（1）导入三维模型：单击导入图标，导入三维模型，目前可支持的格式有 obj、step、3ds、iges 以及 Rhino、Solidworks、Sketchup、Creo（Pro/E）等软件的文件格式。

（2）指定材质：从材质库中选择材质，指定给需要的物体，并调整材质。

（3）选择灯光：选择照明的场景文件，调整照明环境，如亮度、照明场景角度等。

（4）设置背景图：根据需要选择合适的背景图，也可以不使用背景图。

（5）调整相机角度：可实时调整相机角度，以满足产品表现的需要，可对相机进行旋转、放大或缩小、左右倾斜等操作。

（6）保存快照或渲染场景。

10.3 导入模型

10.3.1 支持文件类型

KeyShot 能够直接读取 Rhinoceros 6.0 及以前、AutoCAD（dxf、dwg）、Inventor 2010—2012、Pro/Engineer Wildfire 5.0 及以前、Creo 2.0 及以前、CATIA V4/5、Solidworks 2012 及以前、Sketchup 8 及以前、Siemens NX8.0 及以前、Siemens Solid Edge ST4 及以前等常见软件的文件格式，Alias 2010—2012、Maya 2010—2012 软件安装后也可直接读取，还有常见的 3ds、 obj、fbx、iges、step 等格式。

10.3.2　导入单个和多个模型

导入模型可分为导入单个模型和导入多个模型。

10.3.2.1　导入单个模型

KeyShot 导入设置主要包括常规、方向等选项(见图 10-9、图 10-10)。

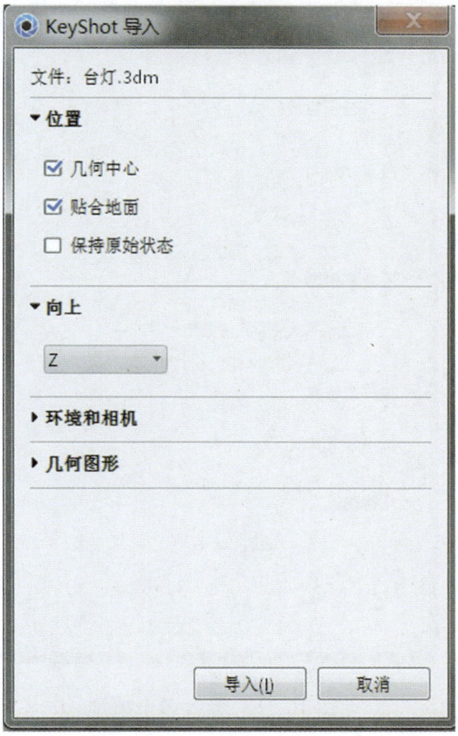

图 10-9　常规选项

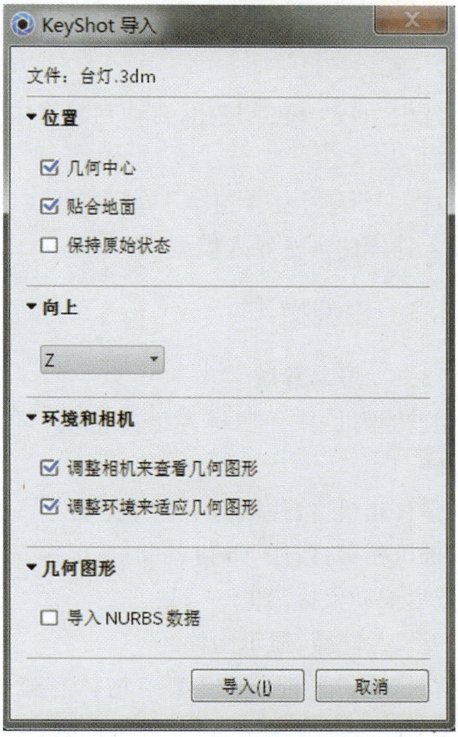

图 10-10　方向选项

常规选项主要包括几何中心和贴合地面等。

几何中心:选中该复选框,导入的模型将忽略原坐标信息而被放置在场景的中心;不选中该复选框,将按照模型的原坐标信息放置在场景中。

贴合地面:选中该复选框,导入的模型将忽略原坐标信息而被放置在地面上。

关于方向选项,在不同的三维建模软件中,定义向上方向的坐标轴不是完全一致的,可以选择默认 Y 轴向上或其他轴向上。如果导入模型后方向不正确,可重新导入,再选中其他的轴向上。

如选中"保留单独的组件"复选框,导入模型后将模型中每个物体单独分为一个材质组,一般适用于物体较少的情况。选中"使用材质模板"复选框可使用在三维建模软件中的材质信息。

10.3.2.2　导入多个模型

导入多个模型的设置与导入单个模型的设置基本相同,主要包括常规、坐标、方向和高级等选项(见图 10-11)。

1. 常规选项

选中“添加到场景”复选框，导入的模型将与场景中已存在的模型合并；如不选中该复选框，导入的模型将替换场景中已存在的所有模型。

选中“保留材质”复选框，重复导入的模型将采用场景中的材质；不选中该复选框，则采用三维模型的材质设置。

2. 坐标选项

选中“自动”单选按钮，自动判断物体的坐标位置。

选中“继续上一个导入”单选按钮，参照上一个导入物体的坐标导入模型。

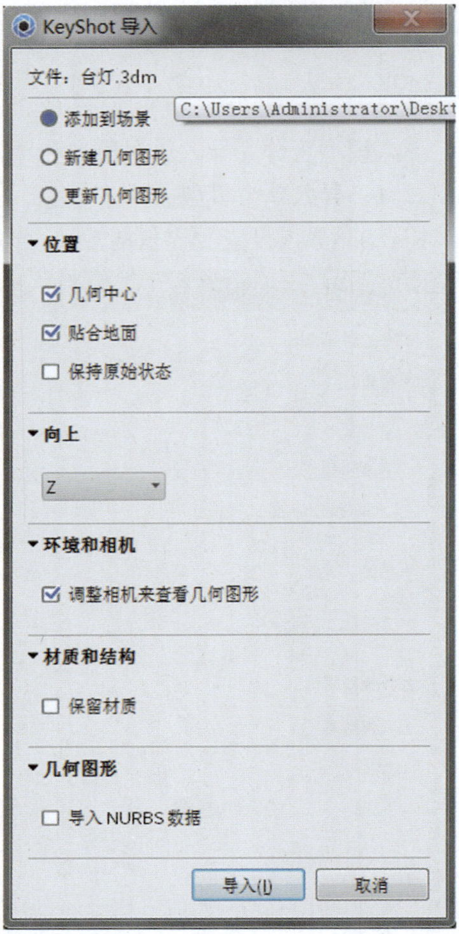

图 10-11　导入多个模型

10.3.3　模型操作

10.3.3.1　屏幕导航

旋转相机：按住鼠标左键并拖动，可上下左右旋转。

平移相机：按住鼠标中键并拖动。

推拉相机：按住 Alt 键，同时按鼠标右键并拖动，或者滚动鼠标滚轮。

10.3.3.2　隐藏/显示组件

在赋予材质时，若模型中物体有遮挡或重叠，需要隐藏部分物体，只要右击物体，在出现的右键菜单中选择“隐藏部件”或“隐藏模型”命令即可，也可在右键菜单中选择“仅显示”命令只显示选择的物体。

同样，可在右键菜单中选择“撤销隐藏部件”、“显示所有部件”命令来恢复上一个或所有隐藏物体的显示。

10.3.3.3　场景

场景中显示模型及相机的层次关系，可在场景中对物体进行动画设置，在模型树中的物体名称前取消选中或选中该复选框来隐藏或显示物体（见图 10-12），或者选定物体后使用右键菜单快速进行动画设置、材质操作、隐藏或移动的操作。

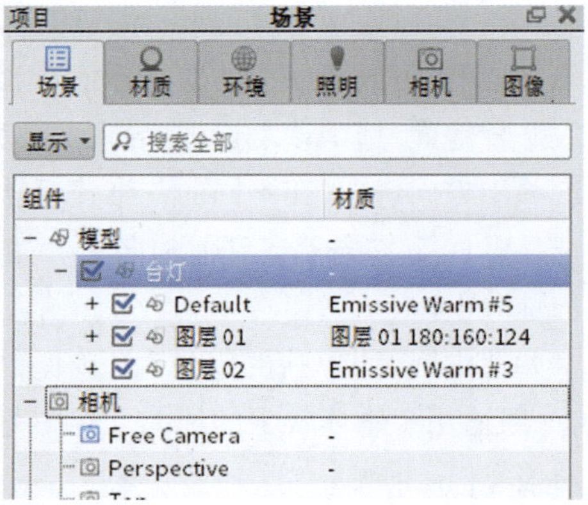

图 10-12　场景设置

10.3.3.4 复制对象

在模型树中选择整个模型后，在右键菜单中选择“复制”命令就可同时复制模型、材质和动画。

10.3.3.5 移动对象

对象可理解为场景中的所有物体，右击实时窗口中的模型，在右键菜单中选择“移动模型”命令（见图 10-13），在工具列的上方会出现移动、旋转等操纵杆（见图 10-14、图 10-15），选中“本地”或“全局”坐标轴，确定后即可对整个模型进行平移、旋转、缩放等操作，也可选择“贴合地面”，将整个模型贴合到地面上。

10.3.3.6 移动部件

部件可理解为模型中的部分物体，右击实时窗口中的模型，在右键菜单中选择“移动部件”命令，即可对部分模型进行平移、旋转、缩放等移动操作，或者令部件与地面贴合。

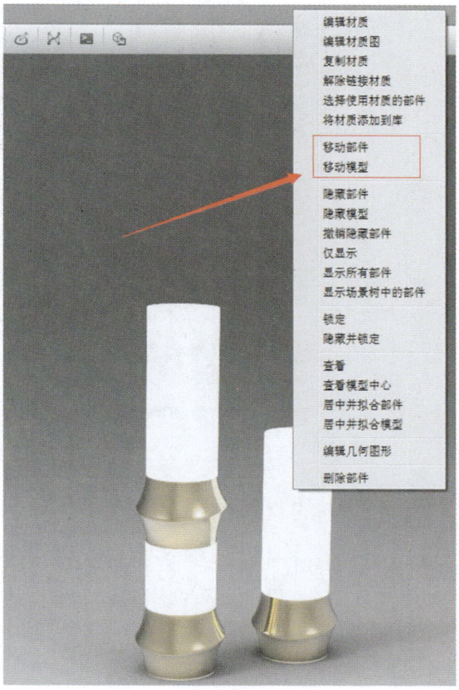

图 10-13 右键菜单

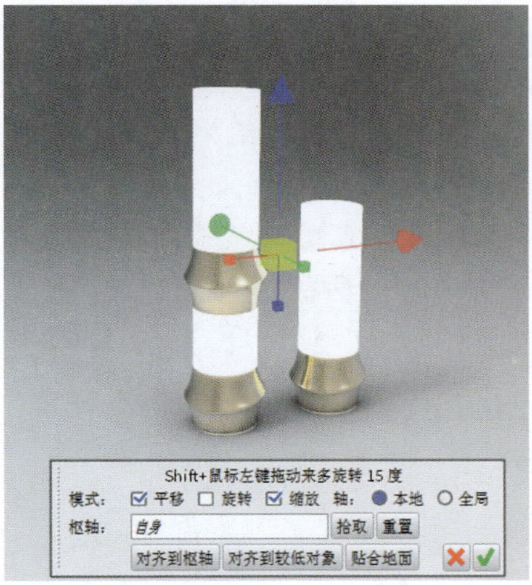

图 10-14 移动对象设置(1)

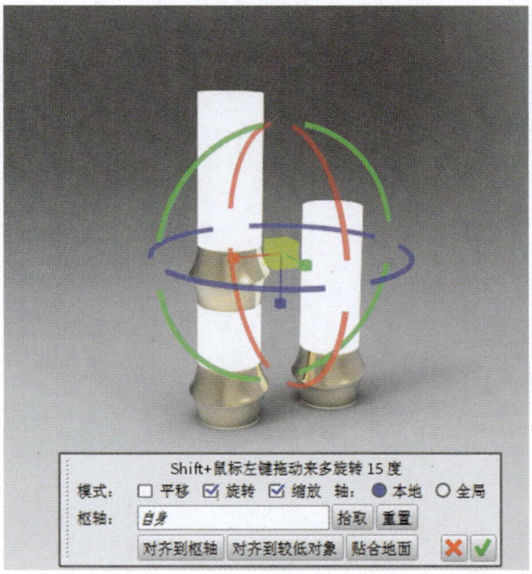

图 10-15 移动对象设置(2)

10.4 材质

10.4.1 赋予材质

单击“库”图标，在弹出的库窗口中选择“材质”选项卡，任选一个材质球后，将材质球从库中拖动到实时窗口的物体上，物体即显示赋予材质后的效果（见图 10-16）。

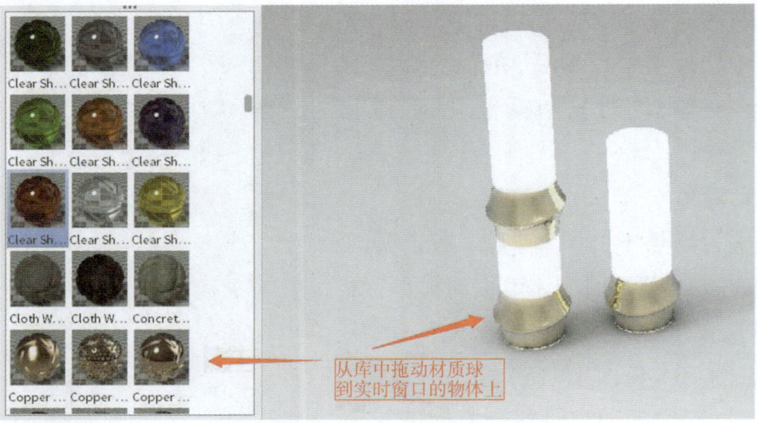

图 10-16　赋予材质

当把库中的材质赋予物体后，在项目中会复制一份正在使用的材质，如项目中已有同样的材质，材质名称将自动增加编号后添加到项目中。在“项目”的“场景”选项卡中会以材质球的方式显示场景中所有物体的材质，未使用的材质将自动从项目中移除。

10.4.2　复制与粘贴材质

当从一物体复制材质并粘贴到另外一个物体后，修改这个材质，会同时影响使用这个材质的两个物体。复制与粘贴材质主要有三种方法。

(1)按 Shift 键，同时单击实时窗口中已指定材质的物体，可复制该物体的材质，然后按 Shift 键，同时右击另一个物体，这样会从项目中复制同一个材质给另外一个物体（见图 10-17、图 10-18）。

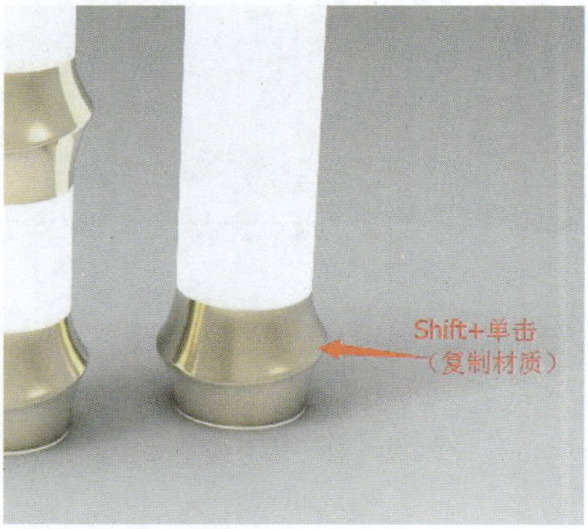

图 10-17　复制材质

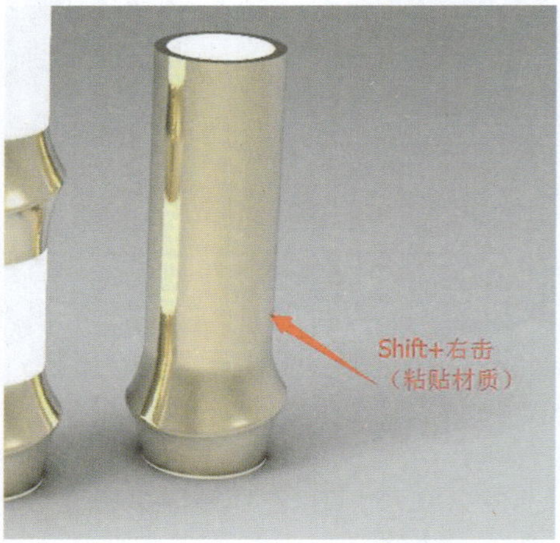

图 10-18　粘贴材质

(2)直接从项目中将材质指定给多个物体，将一个材质指定给多个物体后，编辑这个材质，使用该材质的物体会同时发生变化。

(3)在“项目”的“场景”选项卡中选择物体后，使用右键菜单中的“复制材质”命令和“粘贴材质”命令，可将同一材质指定给多个物体。

10.4.3 编辑材质

有多种方法可查看材质的属性。在实时窗口中双击任一物体，或在“项目”的“场景”选项卡中双击材质球图标，或在场景树中选择一个物体后，在右键菜单中选择“编辑材质”命令，都会显示该物体的材质属性。

编辑材质属性主要通过项目窗口中的“材质”选项卡(见图 10-19)进行。编辑材质后，实时窗口中会自动更新材质。

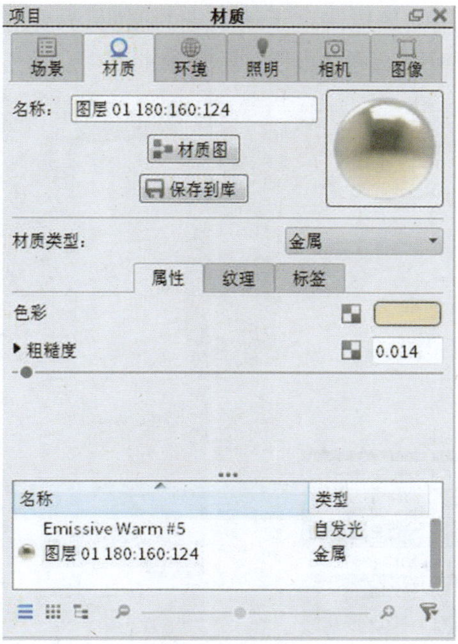

图 10-19 “材质”选项卡

10.4.4 保存材质

保存材质主要有两种方法:一种是右击模型，在出现的右键菜单中选择“添加材质到库”命令;另一种是在“材质”属性中单击“Save to library”按钮。

10.4.5 链接材质

在“项目”的“场景”选项卡中模型选择两个材质后，在右键菜单中选择“链接材质”命令，可将两个物体材质更改为一个，即场景树中位于上面的材质。如果场景中多个物体使用同一个材质，选择一个物体后，在右键菜单中选择“取消链接材质”命令，可取消该物体与其他物体的链接，自动在材质名称上增加数字序号，可对该物体的材质进行单独编辑。

10.5 环境

在 KeyShot 中主要通过“环境”选项卡中的 HDRI 图像来为场景提供照明。类似于在球体上进行贴图，当相机在球体内部时，会处于一个完全封闭的环境，这种方法使产生照片真实光线的方法非常简单。“环境”选项卡主要有照明、背景和地面三个方面的设置。

10.5.1 照明

KeyShot“环境”库中主要有两种类型文件，一种是真实的室内或室外环境照片，比较适合汽车或娱乐等产品的渲染；另一种是 Studios，非常适合产品或工程方面的渲染。无论采用哪种类型环境，都会产生真实的渲染效果。

10.5.1.1 设置及调整环境

在 KeyShot 中，当前使用的环境决定了场景中的照明，只要从“环境”选项卡中将图像拖拉到实时窗口中即可更换环境，释放鼠标后，场景中的照明就发生了变化（见图 10-20）。

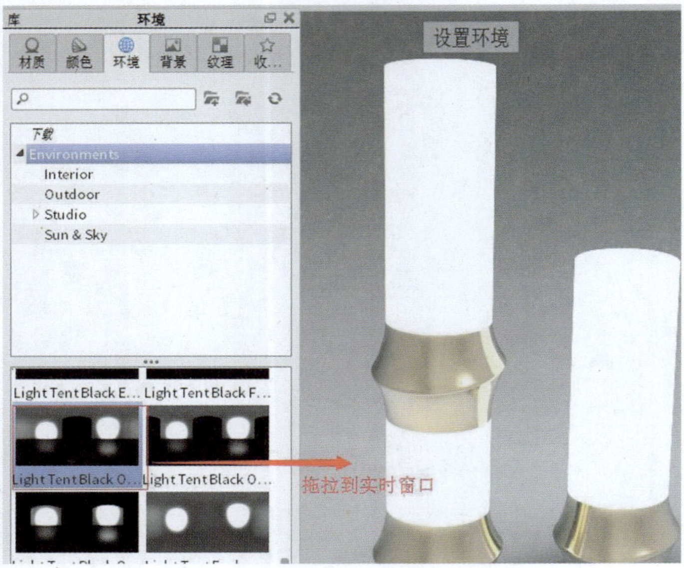

图 10-20 设置及调整环境

调整环境亮度的方法有多种：一种是使用键盘中的↑、↓、←、→键，其中↑、↓增加或减小幅度比较大，←、→增加或减小幅度比较小；另一种是使用“项目”的“环境”选项卡中的亮度调节滑动条。

对比度可在“项目”的“环境”选项卡中的“对比度”滑动条中调整，低对比度产生柔和的阴影，高对比度产生尖锐的阴影。

灯光方向和反射方向的调整方法是：在实时窗口中按住键盘上的 Ctrl 键和鼠标左键，向左右拖动旋转环境，其变化值可以在“项目”的“环境”选项卡中的“旋转”命令中体现出来。KeyShot 会根据当前环境角度来产生阴影和确定阴影方向。

通过直接调整“项目”的“环境”选项卡中的“旋转”滑动条或者调整“大小”命令中的滑动条，可直接调整环境的角度。

10.5.1.2 使用 KeyShot 环境编辑调整环境文件

KeyShot 环境编辑是一种简单的调整环境照明的方法，在“项目”的“环境”选项卡的“照明”命令中单击环境文件名称后的“编辑”按钮（见图 10-21），会打开 KeyShot HDRI 编辑器。

在 KeyShot HDRI 编辑器的“调节”选项卡中可调整照明环境的色彩饱和度和色调、给背景着色、调节亮度及对比度。此选项卡对渲染场景的色调控制非常重要，如渲染后的图像色

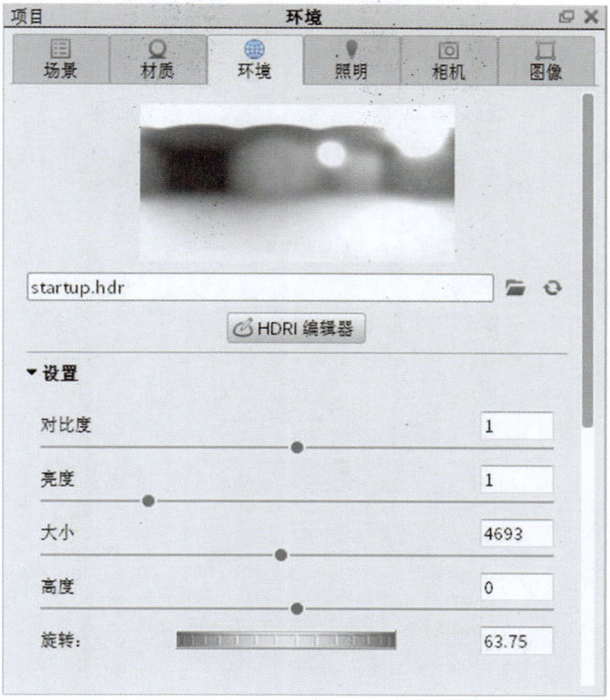

图 10-21 “环境”选项卡

彩偏红,可使用该选项卡降低背景图像的饱和度,或调整色调来降低红色。

饱和度:增加或降低环境中的色彩浓度,如滑动到 0,将取消环境中的色彩。

色调:使用滑动条转变背景颜色,滑动条值 0 ~ 360 代表色相环。在改变背景颜色时,调整后的颜色取决于调整前的起始点颜色,如果环境为红色,当滑动条调到 120 时,结果颜色为绿色;如果起始环境为绿色,当滑动条调到 120 时,结果颜色为蓝色。

着色:可在整个背景环境中覆盖一个颜色,设置的颜色将与背景图像融合。

亮度:提高或降低环境亮度。

对比度:高对比度值产生强烈的光效果,低对比度值产生柔和的光效果。对比度也控制地面阴影的尖锐程度。

在 KeyShot HDRI 编辑器的“针”选项卡中可增加圆形或矩形的区域,并将其作为背景环境中的灯光区域。可对区域进行删除、复制、调整大小及位置等操作,也可设置添加区域的颜色、是否与背景图像混合与设置时的衰减和亮度。通过选中或取消选中“已启用”复选框打开或关闭“针”选项卡调节。

KeyShot HDRI 编辑器可将调整后的图像进行保存,使用编辑器菜单中的“文件”保存或另存为即可,可保存“调节”和“针”选项卡的所有信息。也可使用“编辑”菜单将低分辨率的背景图像生成高分辨率的背景图像。

10.5.2 背景

KeyShot 中“项目”的“环境”选项卡的“背景”主要包括照明环境、色彩和背景图像三个选项(见图 10-22)。

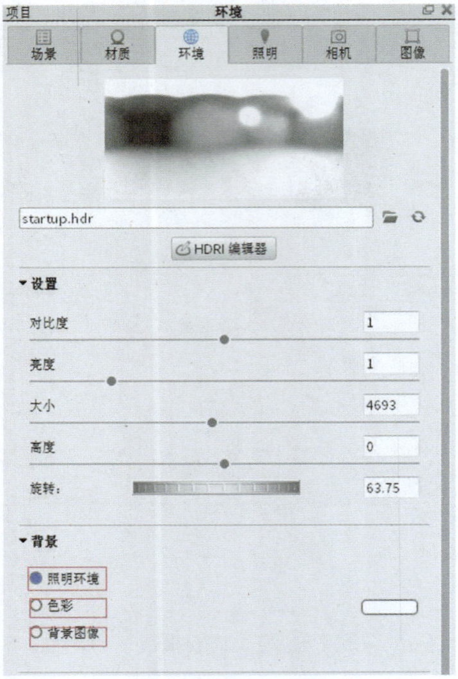

图 10-22　背景设置界面

10.5.2.1　照明环境

在“背景”中选择“照明环境”时，使用环境文件作为照明的同时，也使用环境文件作为模型的背景图像，此选项用于简单的场景设置。

10.5.2.2　色彩

背景色可在“项目”的“环境”选项卡的“背景”选项中进行设置。当选择“色彩”时，模型背景改为设定的颜色，不再显示环境图像。选择“色彩”并不影响环境的照明效果，如果场景中有透明的材质，背景颜色将透过透明物体。

10.5.2.3　背景图像

背景图像是放置在三维模型后面作为背景的图像，以进行场景合成。使用背景图像时灯光不受影响，如场景中有透明物体，透过物体可以看见背景。

在“项目”的“环境”选项卡的“背景”中选中“背景图像”单选按钮，在弹出的“打开背景”对话框中选择合适的背景图像。通过背景图像保存的目录可查看“首选项”中关于背景图像的目录设置。

如需更改背景图像，双击背景图像的缩略图或背景文件名称后的“加载背景”图标，重新打开“打开背景”对话框。

将在 KeyShot“库”的“背景”选项卡中选定的背景文件直接拖到实时窗口中，可快速设置背景图像，此方法比较常用。

在“项目”的“环境”选项卡中选择背景图像后，选中“调整亮度”复选框，会自动根据场景增加亮度。

10.5.3　地面

设置是否在地面上产生阴影、反射及阴影的颜色。地面大小影响阴影质量、是否产生阴影、是否反射。通过“项目”的“环境”选项卡中的“高级”选项来调节地面大小，在未剪切掉阴影的前提下，地面大小值设置应尽可能小，如地面大小与物体大小基本相同，将产生出阴影效果。

地面设置界面如图 10-23 所示。

地面阴影：选中该复选框后，物体在地面上产生阴影。

地面反射：选中该复选框后，物体在地面上产生倒影，地面具有一定的反射性。

地面网格：选中该复选框后，在实时窗口中将显示网格，可借助网格进行辅助定位，如将物体放置到背景图片中，以保持透视角度一致（见图 10-24）。

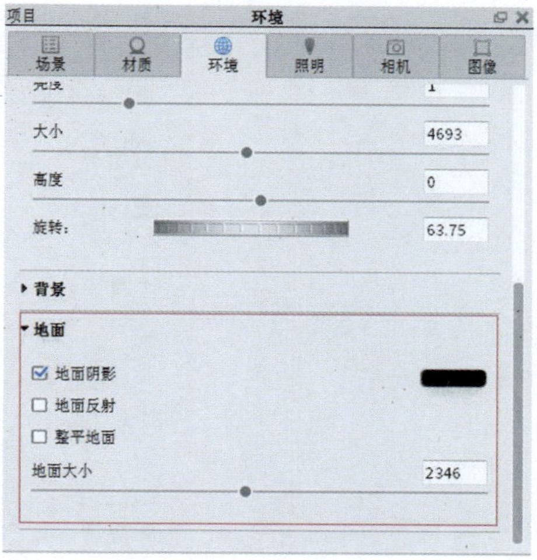

图 10-23 地面设置界面

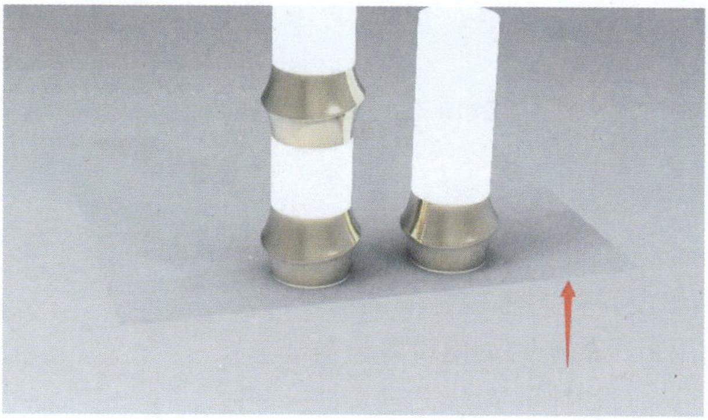

图 10-24 地面网格效果

10.6 实时设置

在“项目”的“设置”选项卡中可进行实时设置，主要分为图像设置、调整、质量和特效四个部分，此部分设置对实时渲染性能和渲染输出有重要影响。

10.6.1 图像设置

图像设置可设置实时显示分辨率的大小，改变分辨率会自动更新实时窗口的大小，一般选中“锁定幅面”选项，以保持合适的长宽比例（见图 10-25）。

10.6.2 调整

一般在实时渲染后调整亮度和伽马值，调整对比度或进行图像的伽马值校正。如不使用伽马值校正，颜色将随机显示，可能超出人视觉的范围。伽马值低将增加对比度，伽马值高将降低对比度。此部分设置一般不需要修改，保持默认值即可，如调整过大可能造成图像失真。

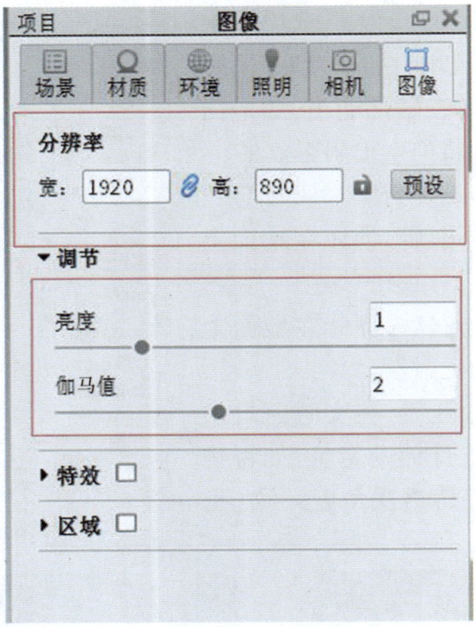

图 10-25　图像设置界面

10.6.3　质量

质量主要包含性能模式和质量模式，其中质量模式可以使用较小的设置值产生较好的图像，而性能模式会自动使用最小的实时渲染设置值得到最快的渲染速度。可通过快捷键 Alt + P 进入性能模式，在屏幕的右上角显示图标，如再次按 Alt + P 快捷键，将取消性能模式(见图 10-26)。

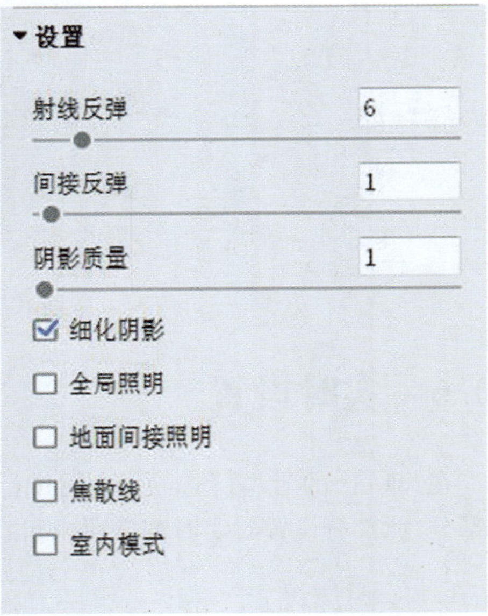

图 10-26　质量设置界面

在质量模式的“高级”选项中主要包括光线反射、阴影质量、细化阴影、细化间接照明和地面间接照明等设置，下面进行简要介绍。

(1)光线反射：光线反射设置决定了场景中的光线反射次数。在现实世界中，光线是无限次反射的，在渲染中应对每一束光线都计算反射和折射光线反射。材质中具有足够的光线反射次数是非常重要的，反射次数越多，物体越真实，但计算时间越长。

(2)阴影质量：阴影质量的设置将增加或降低地面的细致程度，高质量的阴影设置需要较长的运算时间。如果阴影显示为块状，虽然增加滑动条中的值可以提高阴影质量，但最好是在“背景”的“地面设置”中尽量减小地面大小设置值，以得到好的阴影。

(3)细化阴影：细化阴影会对实时窗口中所有的阴影进行细化。在设置场景时，可关闭该选项以提高操作性能，待场景设置好后，再开启该选项。

(4)细化间接照明：细化间接照明类似于全局光照明，当取消时，不计算三维物体间的光线反射，物体在渲染过程中，材质颜色对另一个材质颜色不产生影响；如启用，光线从物体反射后，光线颜色会发生改变，将材质颜色渗透到另一个材质颜色中。

（5）地面间接照明：此选项控制光线是否在地面上产生反射。开启后，物体的颜色会对地面产生影响，将颜色渗透到地面，在阴影中会有物体的颜色。图 10-27 所示为地面间接照明关闭效果，在地面上没有光线渗透；图 10-28 所示为地面间接照明开启效果，在地面上能明显地看到光线的渗透。

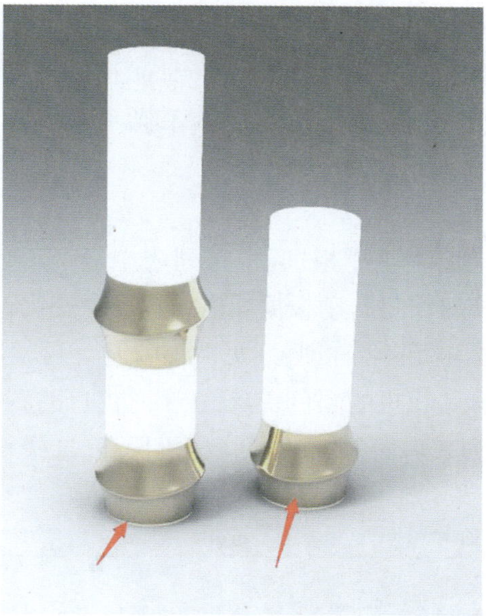

图 10-27　地面间接照明关闭效果

图 10-28　地面间接照明开启效果

10.6.4 特效

特效可将图像柔化，为自发光材质增加光晕效果。

10.7 相机

KeyShot 相机与实物相机的功能基本相同，KeyShot 相机还可保存视角。“相机”选项卡主要包括相机命名、相机定位、相机镜头设置、景深和杂项等。

10.7.1 相机命名

在“项目”的“相机”选项卡中的“相机”下拉列表中显示了场景中可使用的相机，选择一个相机，即激活该相机，实时窗口自动根据相机设置发生变化；相机也可重新命名，选择相机后，在“名称”对话框中输入新的名称即可（见图 10-29）。可使用“已解锁”或“已锁定”按钮来解锁或锁定相机，锁定后，相机的颜色变灰，在实时窗口的右上角出现锁定图标，此时不能移动相机。单击“相机”列表后面的“+”可将相机保存，选择相机后，单击“-”可将选定的相机删除。

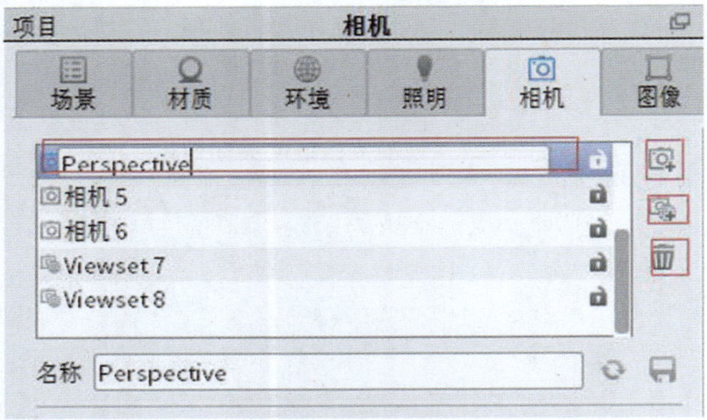

图 10-29 相机命名界面

10.7.2 相机定位

相机定位主要有位置和方向、距离、方位角、倾斜、扭曲角和选择“看”点等方式（见图 10-30）。

位置和方向：在下拉列表中，可直接选择相机方向为前、后、左、右、顶部和底部。

距离：通过滑动条控制相机推拉的距离，其数值基于场景的中心距相机的距离，数值越大，相机距中心越远，当使用 Alt + 鼠标右键在实时窗口拖动时，此数值会相应变化。

方位角（环绕）：让相机绕注视点旋转，当使用鼠标左键在实时窗口向左或向右拖动时，此数值会相应变化。

倾斜（高度）：让相机绕注视点旋转，当使用鼠标左键在实时窗口向上或向下拖动时，此数值会相应变化。

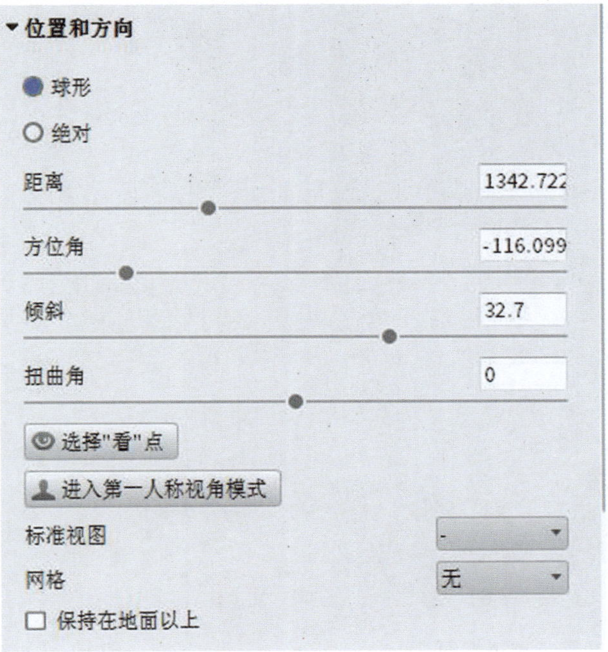

图 10-30　**相机定位界面**

选择“看”点:此选项非常有用,可随时将模型设置为查看点,相机将绕该点进行旋转。使用快捷键 Ctrl + Alt + 右击选择物体,或者选择模型中的一个组件物体后,在右键菜单中选择“查看”,可快速将物体设置为查看点。

10.7.3　相机镜头设置

相机镜头设置主要包括镜头设置(视角、正交和位移)、视角/焦距和视野(见图 10-31)。

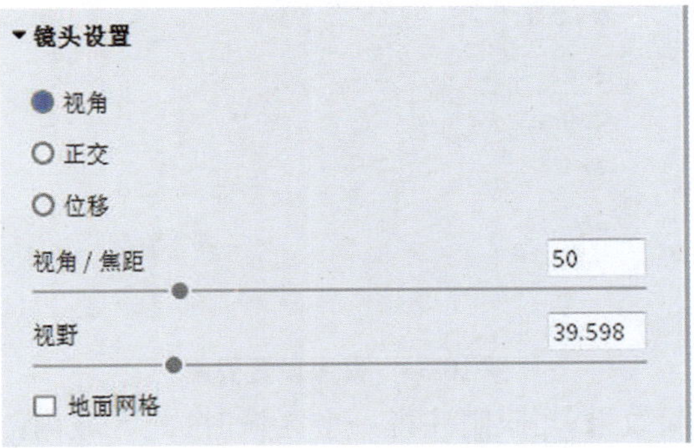

图 10-31　**相机镜头设置界面**

视角模式:可根据视角滑动条的设置在实时窗口中产生准确的透视效果,图 10-32 所示为三点透视图。

正交模式:将实时窗口中的透视效果删除。图 10-33 所示为正交模式。

焦距:模拟实物相机的焦距效果,焦距小可模仿广角镜头,焦距大可模仿放大镜。使用较大的焦距值,相机仍位于原位置,但产生了与物体拉近的效果。增加焦距会产生放大效果,透视效果减弱,而在推拉相机时,透视效果保持不变。

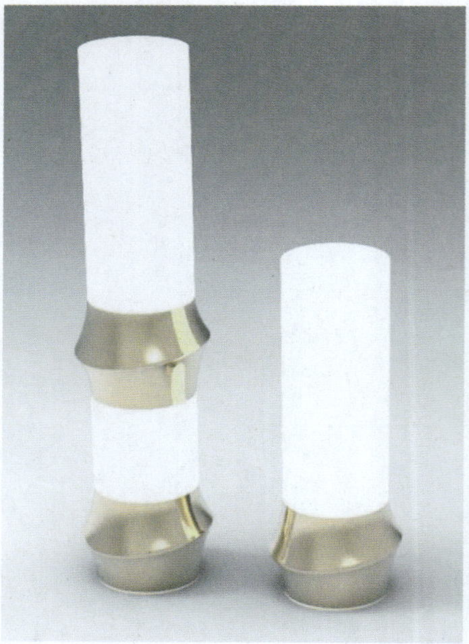

图 10-32　三点透视图

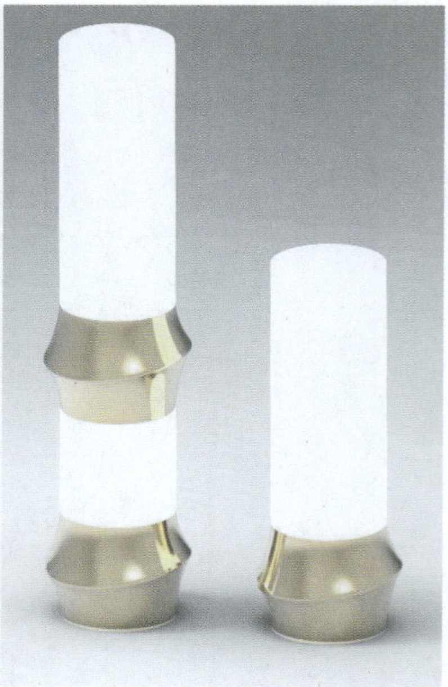

图 10-33　正交模式

视野：设置相机视野，即在相机正对方向上能看到的角度范围，广角镜头可以达到 180°视野，而放大镜视野为 20°。

焦距、视角和视野具有一定的关联性，调节其中任意一个，其他两个的数值都会发生相应的变化。

10.7.4　景深

景深设置界面如图 10-34 所示。

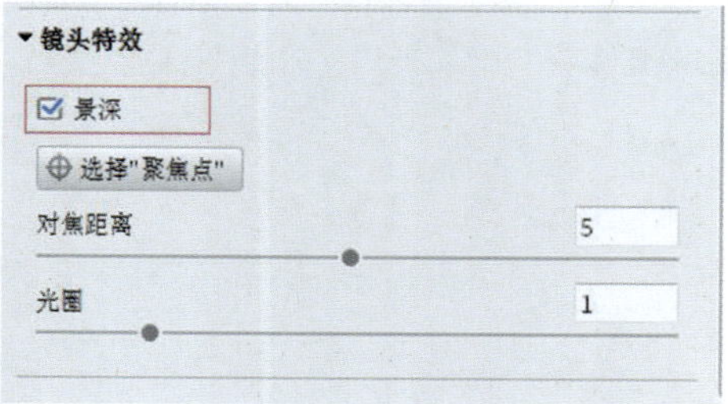

图 10-34　景深设置界面

类似于摄影中的景深效果，当眼睛注视一个区域时，此区域内图像比较清晰，而区域外的图像存在一定程度的模糊效果。

选中“景深”复选框后，单击选择焦距图标，在实时窗口中选择一个物体作为焦点，或者使用滑动条调整焦距，然后设置光圈大小，低的光圈值将产生较强的模糊效果。

10.7.5　杂项

在实时窗口中显示网格，网格可为无、二分之一、三分之一或四分之一。利用网格可进行合理的构图。

10.8 渲染输出

在 KeyShot 中完成环境及材质设置后,下一步才作为输出静态图像或动画,根据被渲染物体的性质来设置合适的参数。参数设置过高,会增加渲染时间,却不一定能得到好的效果。理解渲染设置、掌握如何节省渲染时间非常重要。

10.8.1 渲染项目

单击主工具列中的渲染图标,会弹出“渲染”对话框,主要有输出、质量、队列、区域和网格等设置。

10.8.1.1 渲染输出选项

“输出”选项卡的主要选项为静态图像或动画,在静态图像中文件名称及文件夹一般保持默认即可,在“格式”下拉列表中可选择 JPEG、TIFF、EXR、PNG,除 JPEG 格式外,还可以选择是否包含 alpha(透明度)(见图 10-35)。

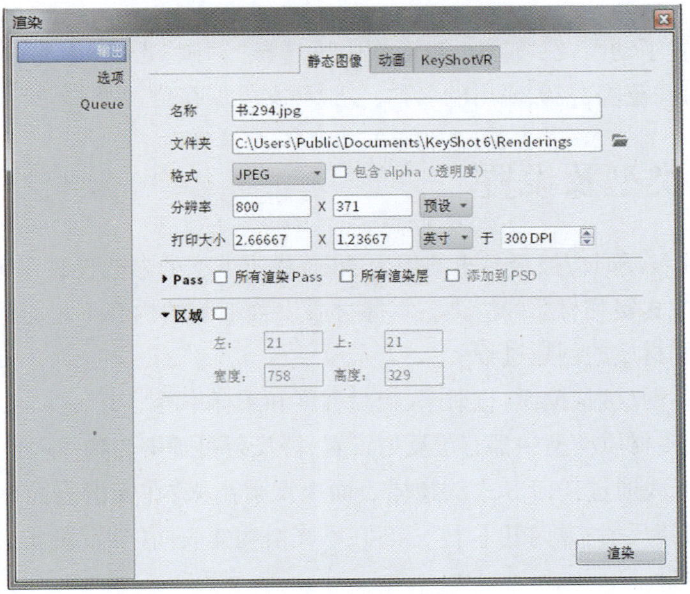

图 10-35 “输出”选项卡

分辨率设置非常重要,可直接在对话框中输入数字或在预设值中选择合适的大小。

打印大小是根据打印时的分辨率(默认为 300 DPI)对渲染的图像自动计算出的打印尺寸,建议将单位由英寸改为厘米。

10.8.1.2 渲染质量选项

在渲染时可选择最大时间、最大采样和高级控制任选一选项进行渲染,以得到不同的材质效果。

最大时间:选中该复选框后,会设置渲染消耗的最长时间,超过最长时间后自动结束渲染。

最大采样:设置渲染过程中使用的最大采样数,数值越大,消耗时间越长。

高级控制：可分别设置采样、全局照明质量、光线折射次数、像素过滤器大小、抗锯齿、DOF 质量、阴影品质及阴影锐化和锐化纹理过滤。

10.8.1.3 渲染队列

渲染队列可对一系列图像进行渲染，按照队列的次序完成渲染。

10.8.1.4 区域渲染

在渲染过程中仅选择局部图像进行渲染，当场景中仅有部分物体发生变化时，使用区域渲染可节省时间。

10.8.2 截屏

按 P 键或者单击主工具列中的截屏图标，可对实时窗口进行截屏操作，截屏后的文件将保存到“首选项”的“文件夹”选项卡的“渲染”文件夹中，在“首选项”的“常规”中可设置截屏图像的格式及图片质量、“询问每个截屏保存到哪里”及“每一个截屏保存一个相机”。

10.8.3 动画输出

如场景中设置了动画，在“渲染”对话框中可选择“动画”按钮，主要设置渲染分辨率大小、渲染动画的时间范围、视频输出的名称、各视频文件保存位置等。

10.9 材质类型及设置

设置 KeyShot 材质时应以最易于使用为准则，材质类型的参数设置尽可能少，不需要太多的经验就能完成真实感材质的渲染。掌握材质设置细节的内容不是必须的，但能更深入地理解如何渲染和材质的创建过程。

材质属性包括漫反射、镜面、折射率、粗糙程度和采样率等。

漫反射：在很多材质类型中都有漫反射设置，漫反射可理解为物体表面覆盖的颜色。在渲染中漫反射指光线通过任何方式从物体表面上反射出来，在光滑表面（如抛光的物体或镜面）上光线将直接反射，方向基本上一致；在不光滑物体表面（如混凝土）上光线将四周漫射，形成亚光的效果。

镜面：也是一个常见的材质参数，俗称“高光”。当物体表面抛光或缺陷较少时会呈现反射或闪亮效果。当镜面颜色设置为黑色时，将不产生反射或高光点；如设置为白色，将产生 100% 的反射。金属材质没有漫反射颜色，完全源自镜面反射；塑料只能将白色作为镜面颜色。

折射率：光线在不同的透明材质中传播速度不同，因此产生了折射。不同透明材质具有不同的折射率，如水为 1.33，玻璃为 1.5，钻石为 2.4。水的折射率为 1.33，表示光线在真空中的传播速度是在水中的传播速度的 1.33 倍。光线速度越低，折射后变形和弯曲越大。

粗糙程度：在物体表面上增加外观层次的缺陷来表现材质的粗糙效果。当粗糙程度增加时，光线漫反射将增加，从而打破镜面（高光）反射，由于增加了额外的光线散射，粗糙的材质将耗费更多的系统运算时间。

采样率:因粗糙材质渲染比较慢、复杂,KeyShot 在材质中提供了提高粗糙材质准确性的设置,即采样率。采样率是指渲染图中每一个像素所折射处光线的数量。每束光线将收集周围环境的材质信息,并将信息返回到该像素,形成该像素最终的颜色效果。

KeyShot 提供了常用的材质类型模板,只要进行简单的修改,就可调整出复杂的材质(见图 10-36)。

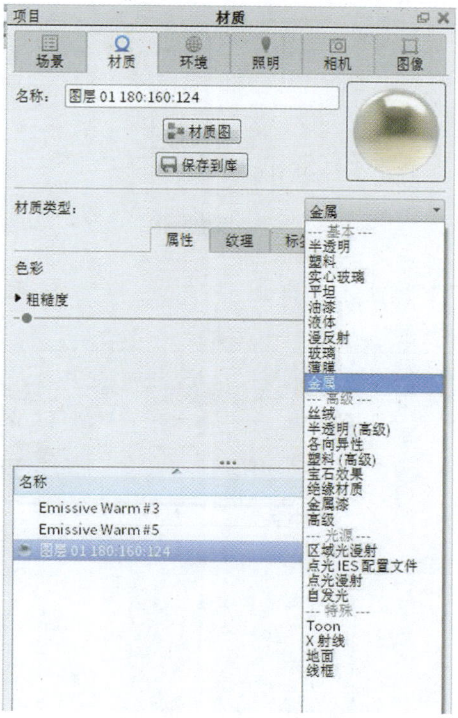

图 10-36　材质类型模板

10.10　纹理及标签

在“项目”的“材质”选项卡中主要有属性、纹理和标签等选项。在“材质”的“属性”选项卡(见图 10-37)中如显示图标,表示该设置可应用纹理贴图,单击该图标后,会进入“纹理”选项卡,进行贴图的类型、位置等设置。使用纹理贴图后,在材质属性中将显示使用贴图的文件名称、是否混合颜色、亮度和对比度的设置等内容(见图 10-38)。

纹理将图像映射到材质(如木纹、网格、瓷砖、具有细小缺陷的拉丝金属)上建立真实的效果(见图 10-39)。在“材质”的“纹理”选项卡中可应用纹理贴图。

10.10.1　贴图类型

纹理贴图是将 2D 图像放置到 3D 物体上的方式,所有三维建模软件必须以某种形式标明贴图方式。贴图类型主要有平面 X、平面 Y、平面 Z、盒贴图、球形、圆柱形、UV 坐标。贴图类型可在“纹理”选项卡的“映射类型”下拉条中选择。

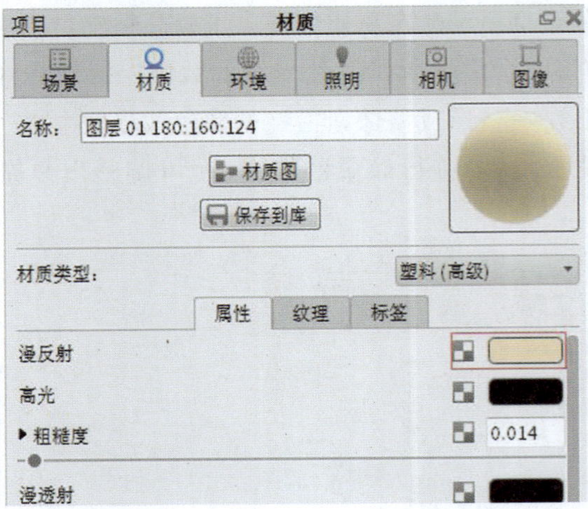

图 10-37 “属性”选项卡

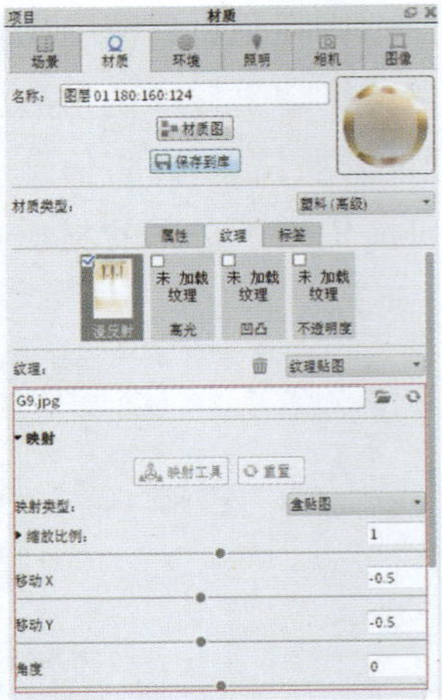

图 10-38 材质属性

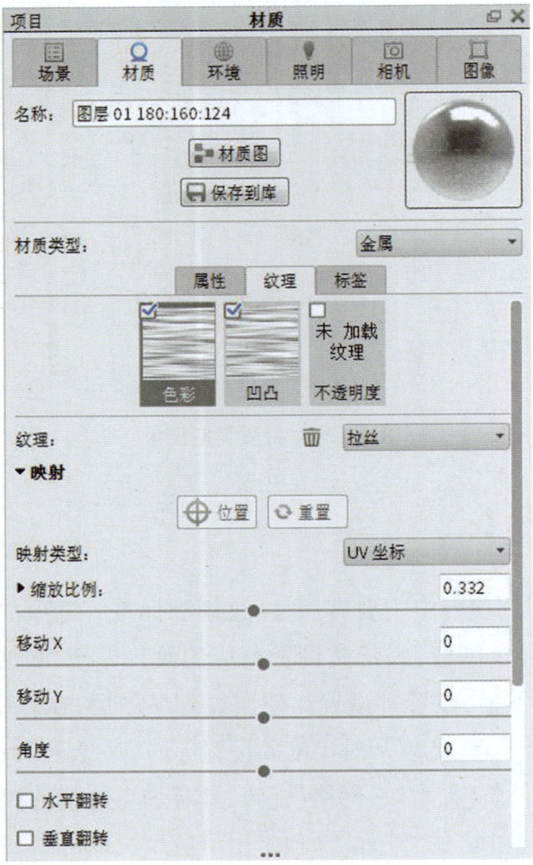

图 10-39 纹理设置

(1)平面 X：平面 X 贴图类型仅在 X 轴方向映射纹理图片，3D 物体的非 X 轴方向的纹理图片将产生拉伸效果(见图 10-40)。

(2)平面 Y：平面 Y 贴图类型仅在 Y 轴方向映射纹理图片，3D 物体的非 Y 轴方向的纹

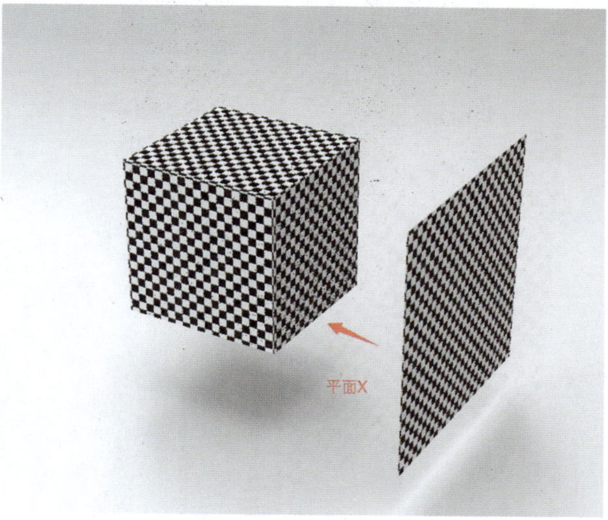

图 10-40　平面 X 贴图类型

理图片将产生拉伸效果(见图 10-41)。

图 10-41　平面 Y 贴图类型

(3)平面 Z:平面 Z 贴图类型仅在 Z 轴方向映射纹理图片,3D 物体的非 Z 轴方向的纹理图片将产生拉伸效果(见图 10-42)。

(4)盒贴图:在盒子的 6 个方向上向 3D 模型映射纹理图片,纹理投射到物体表面时,在产生拉伸前停止投射,然后再投射下一个方向。盒贴图是一种常用的快速、简单的贴图方法,对贴图产生最小的拉伸(见图 10-43)。

(5)球形:从球体向内映射纹理图片,在球体的最大圆周区域图像变形较小,其他区域

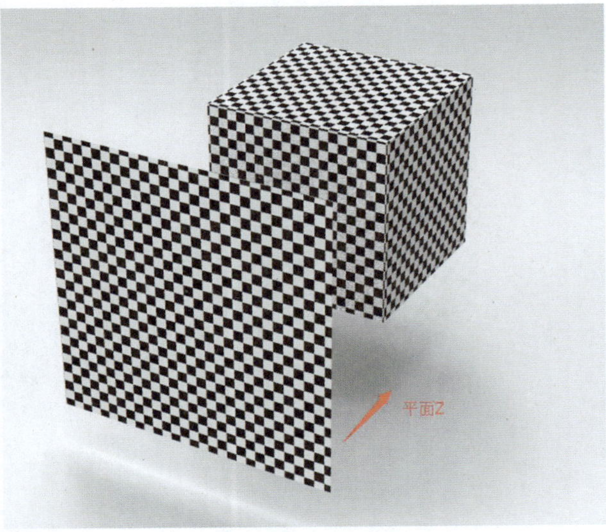

图 10-42　平面 Z 贴图类型

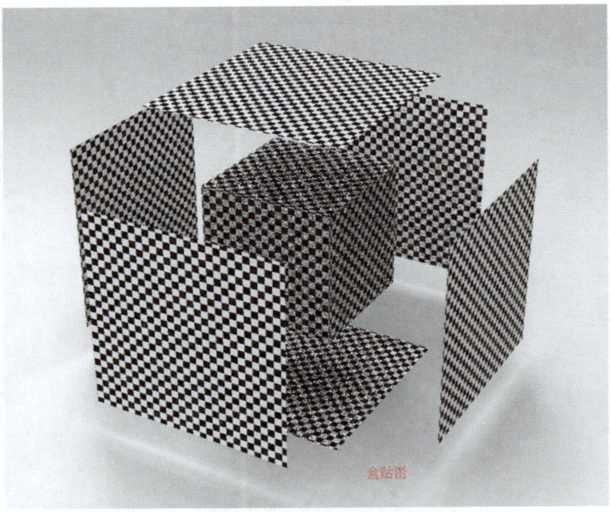

图 10-43　盒贴图类型

向球的极点收敛，汇集在极点上。

(6)圆柱形：与圆周表面相对的面将以圆周长度方向环绕物体映射纹理图片，与圆柱顶或底面相对应的面将向圆中心收敛产生映射。

(7)UV 坐标：UV 坐标是一种复杂的、与其他贴图方法不同的映射模式。主要区别是，其他类型提供自动映射解决方案，而 UV 坐标是完全自定义的。这是一个更加烦琐和耗时的过程，但会产生更好的结果。因大多数 CAD 系统没有提供 UV 映射的工具，所以 KeyShot 提供了自动映射模式。UV 坐标贴图类型常用于游戏设计等行业，在工程设计中应用较少。

10.10.2　纹理贴图方式

直接从“库”的“纹理”中将图片拖动到实时窗口的物体上，会出现色彩、凹凸、透明度或添加标签选择条（见图 10-44），选用一种贴图方式，就可将图片映射为选定的贴图方式。

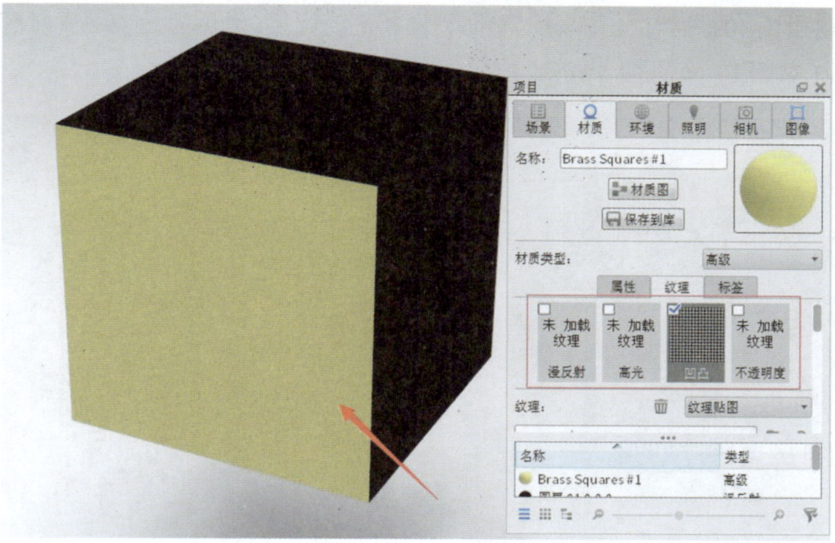

图 10-44　选择纹理贴图方式

另外，在“项目”的“材质”的“纹理”选项卡中选中色彩、镜面、凹凸、透明度贴图方式左上角的复选框，会自动打开“打开纹理”对话框，选择适合的贴图文件即可。

KeyShot 主要的贴图方式有色彩贴图、镜面贴图、凹凸贴图、透明度贴图。

10.10.2.1　色彩贴图

色彩贴图使用图像替换物体漫反射颜色，用来创建真实的材质纹理效果，可使用常见的图像格式作为色彩贴图。图 10-45 所示为在高级材质类型中将木纹图像映射到色彩贴图上，创建真实的木纹材质。

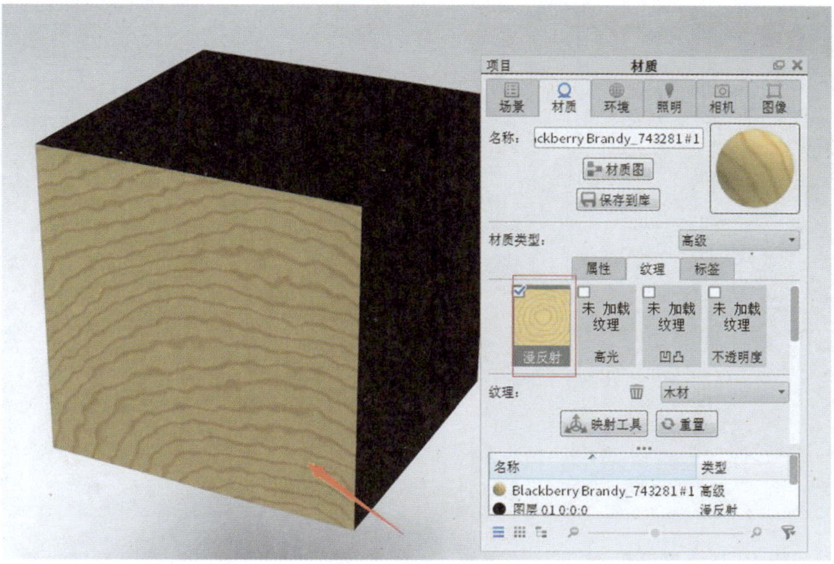

图 10-45　色彩贴图举例

10.10.2.2 镜面贴图

根据贴图图像的黑和白值来表示不同程度的高光强度，黑色为无镜面反射区域，白色代表完全反射(见图 10-46、图 10-47)。

图 10-46 金属漆材质

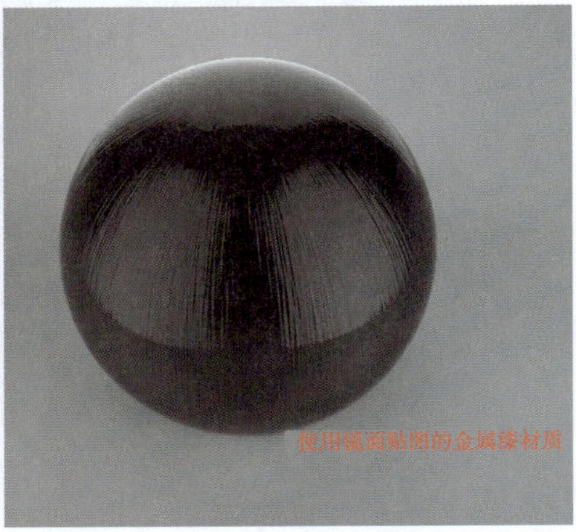

图 10-47 使用镜面贴图的金属漆材质

10.10.2.3 凹凸贴图

在建模过程中完全创建出产品的精致细节是不现实的，使用凹凸贴图可弥补建模过程中细节(如拉丝等)的不足。创建凹凸贴图主要有两种方法：一种是使用黑白图像，另一种是使用法线贴图。在黑白图像中，白色插值为比较低的区域，而黑色插值为比较高的区域(见图 10-48、图 10-49)。

图 10-48 凹凸贴图

图 10-49 凹凸贴图效果

法线贴图相对于黑白图像拥有更多的颜色，增加的颜色在 X 轴、Y 轴和 Z 轴上代表不同的变形程度，可创建复杂的凹凸效果。但是，不使用法线贴图会使产品凹凸效果更真实。

在凹凸贴图中应用图片后，在“纹理”选项卡的底端选中“法线贴图”即可开启法线贴图方法（见图 10-50）。

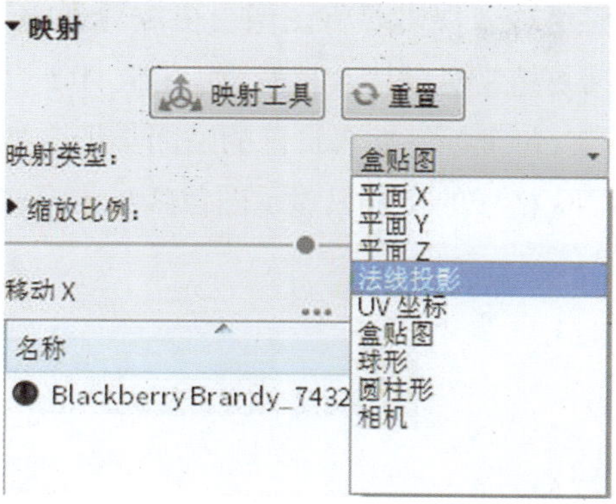

图 10-50　法线贴图设置

10.10.2.4　透明度贴图

透明度贴图利用图像的黑白值或 Alpha 通道来使材质透空，可在不进行孔的建模的情况下，在渲染时表现出孔的效果（见图 10-51、图 10-52）。

图 10-51　透明度贴图

图 10-52　透明度贴图效果

透明度模式主要有 3 种，在透明度模式下拉条中可选择。

（1）Alpha：使用图像中的 Alpha 通道创建透明效果。

（2）色彩：用颜色来表示透明度，黑色为完全透明，白色为不透明，50% 灰色为 50% 透明。

（3）补色：白色为完全透明，黑色为完全不透明，50% 灰色为 50% 透明。

10.10.3　混合颜色

在使用纹理贴图时，选中“材质”选项卡中的“混合颜色”复选框，可将纹理中的图像与指定的颜色进行混合。

10.10.4 标签

标签可用来放置 Logo、贴纸或者视需要将图像自由放置到 3D 模型上。通过“材质”属性中的“标签”选项卡放置标签，支持常见的图片格式，如 JPG、TIFF、TGA、PNG、EXR 和 HDR。在一个材质中可以放置多个标签，每个标签拥有自己的贴图类型。如果图像中带有 Alpha 通道，则不显示图像的透明区域；PNG 格式的文件只显示图像区域内容，其透明区域不显示。

第十一章　Rhino 灯具设计方法实例

11.1　Rhino 灯具设计中的手工玻璃雕花壁灯建模方法

首先我们打开灯具的 CAD 图，将 CAD 图复制粘贴在犀牛模型里，然后锁定，如图 11-1 所示。

图 11-1

在 Rhino 里画一条直线，然后画出壁灯的底玻部分，如图 11-2 所示。

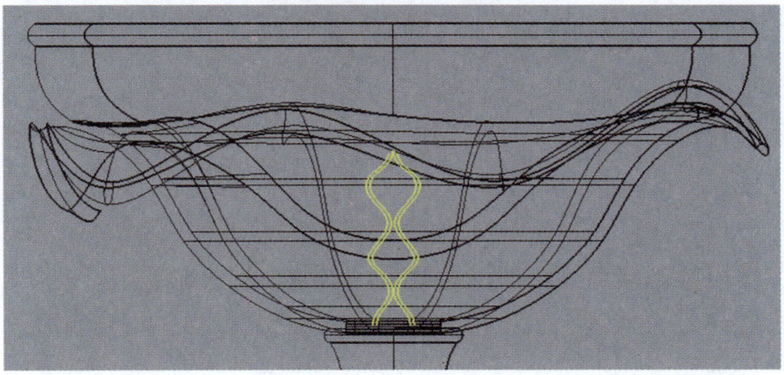

图 11-2

再用曲线上的内插点曲线在曲面上画出底玻的纹理，然后用圆管工具画出纹理的大小，再阵列，如图 11-3 ~ 图 11-5 所示。

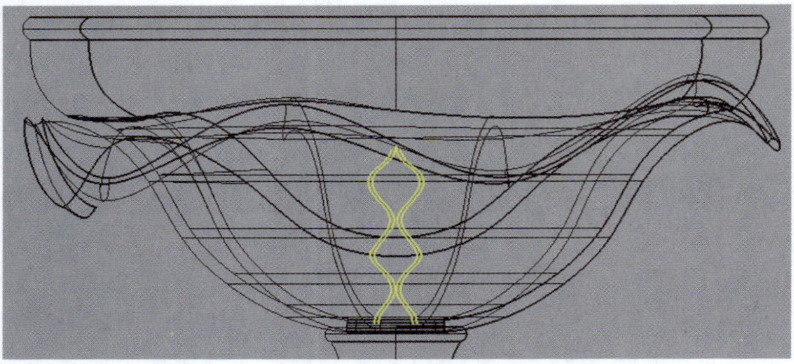

图 11-3

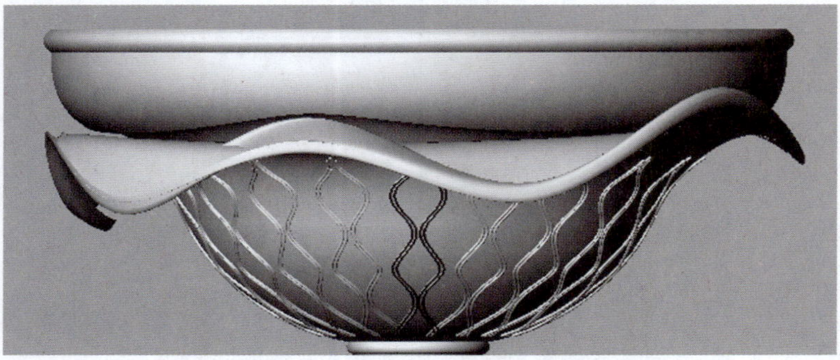

图 11-4

图 11-5

下面进行麻花弯管的建模。

在 Front 视图中选取弯管的中心线，再利用分析工具栏（见图 11-6）分析曲线的长度，复制曲线的长度，如图 11-7 所示。

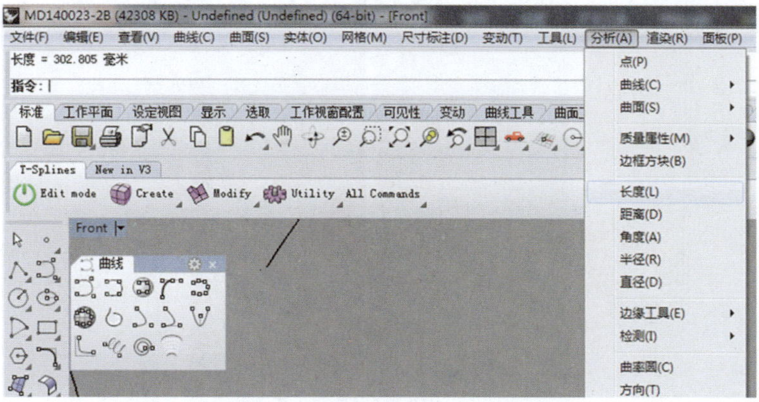

图 11-6

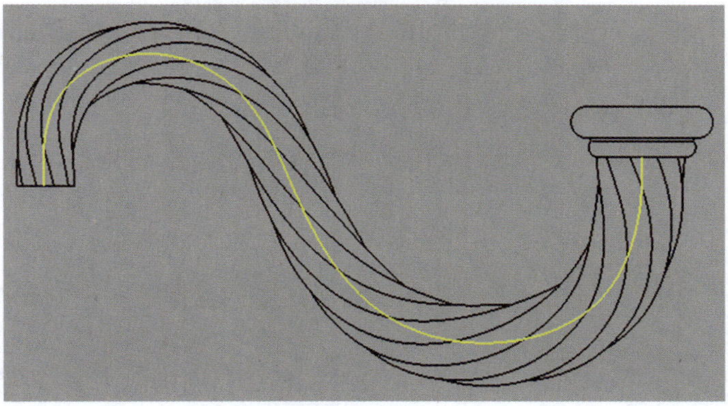

图 11-7

画一条和曲线长度一样的直线，再画出弯管的直径大小，然后用挤出命令，挤出弯管的长度，如图 11-8 所示。

用变动工具中的扭转工具（见图 11-9）对画出来的直管进行扭转，如图 11-10、图 11-11 所示。

用变动工具中的沿着曲线流动（见图 11-12）画出曲线的弯管，如图 11-13、图 11-14 所示。

下面进行花型灯杯建模。

先画一个与灯杯花瓣大小的椭圆体，进行重建曲面，打开控制点，如图 11-15 所示。

调整控制点，调整出花瓣的样子，如图 11-16 所示。

调整花瓣的位置，复制粘贴出 4 个，如图 11-17 所示。

下面建模。

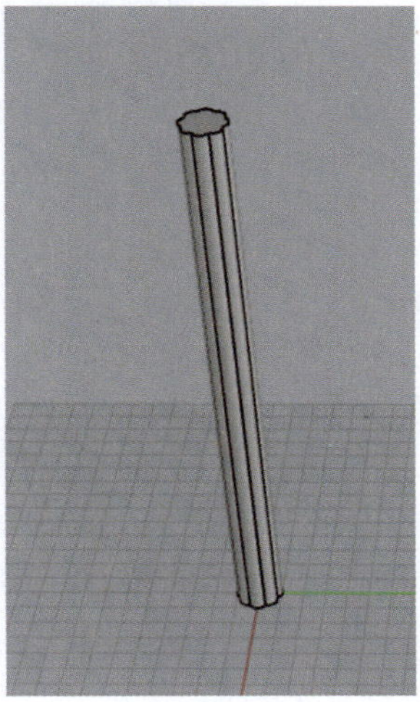

图 11-8　梅花管挤出

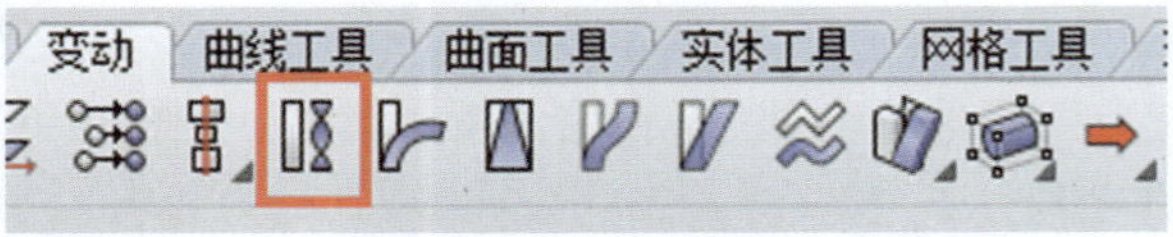

图 11-9　扭转工具

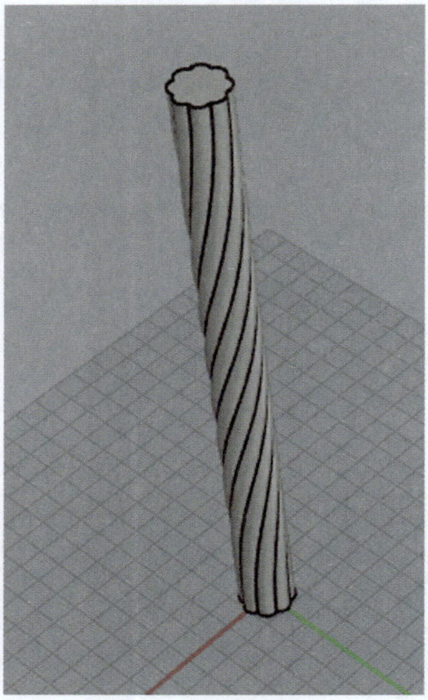

图 11-10

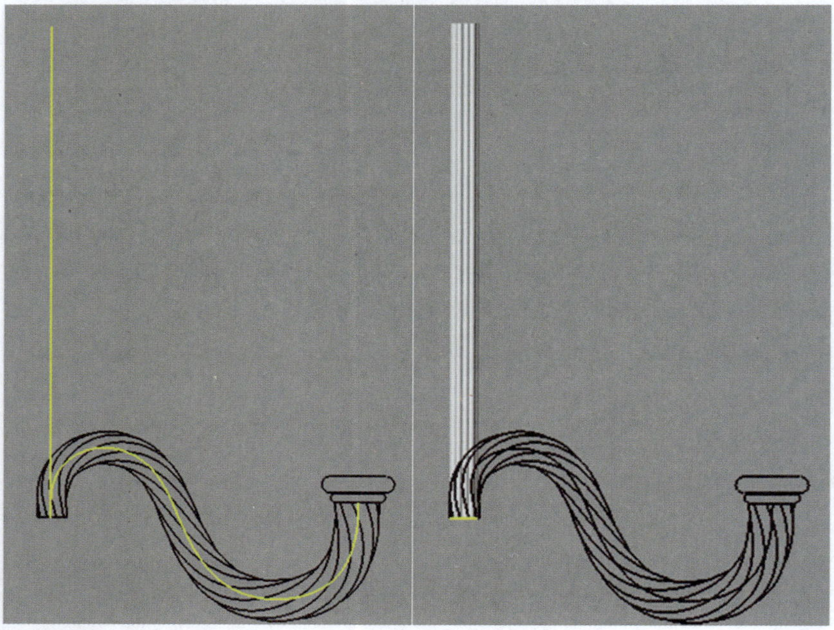

图 11-11

图 11-12

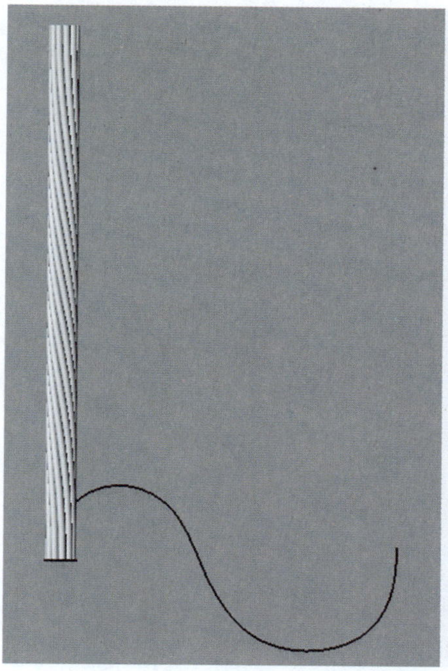

图 11-13

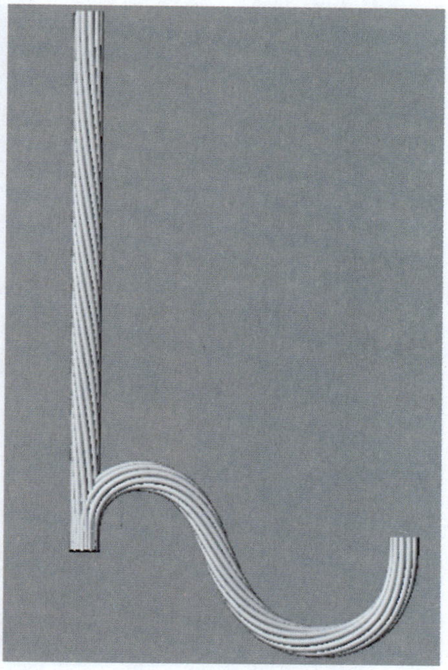

图 11-14

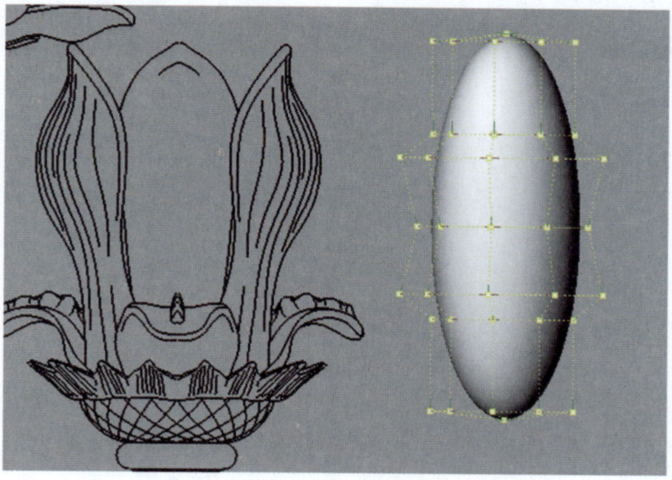

图 11-15

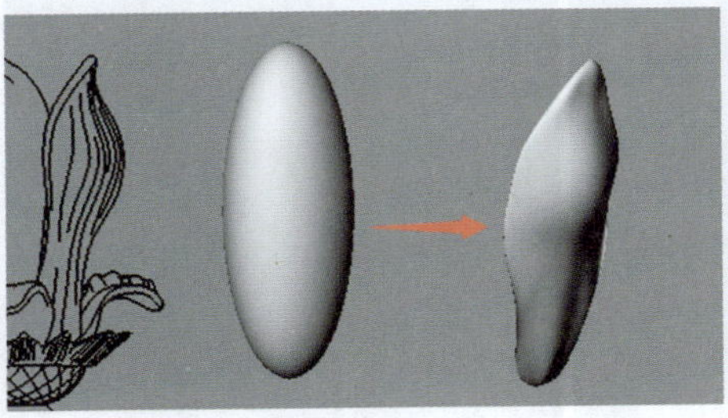

图 11-16

图 11-17

画一个椭圆体，进行重建曲面，打开控制点，再调整控制点，如图 11-18～图 11-20 所法。

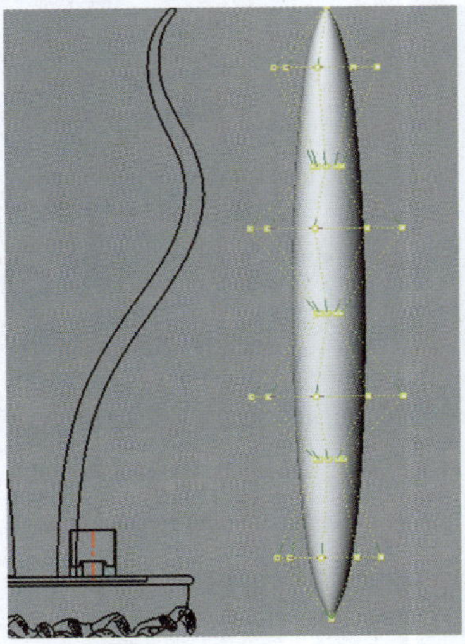

图 11-18

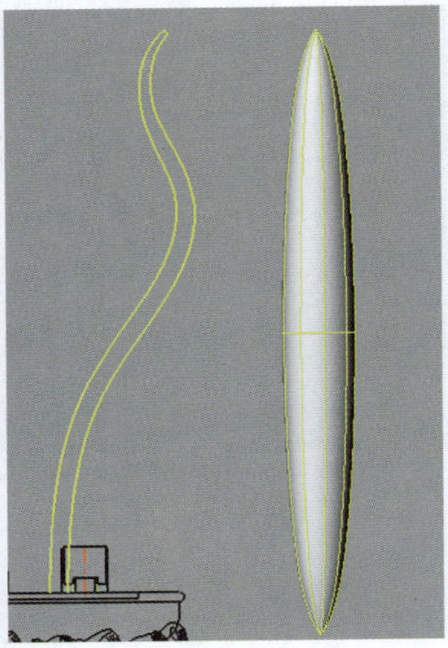

图 11-19

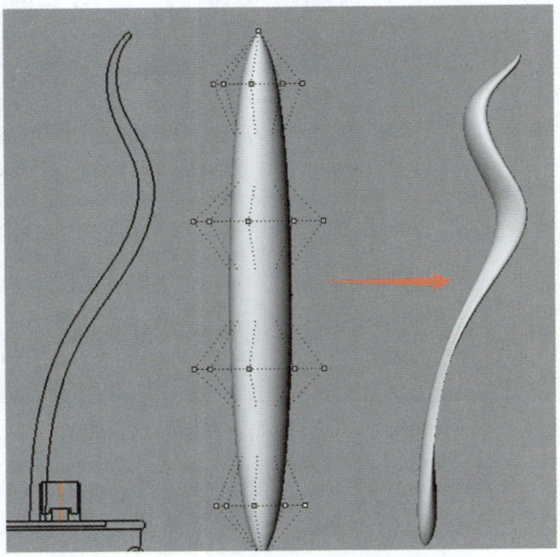

图 11-20

用平面切出壁灯的位置,如图 11-21 所示。

图 11-21

最终效果图如图 11-22 所示。

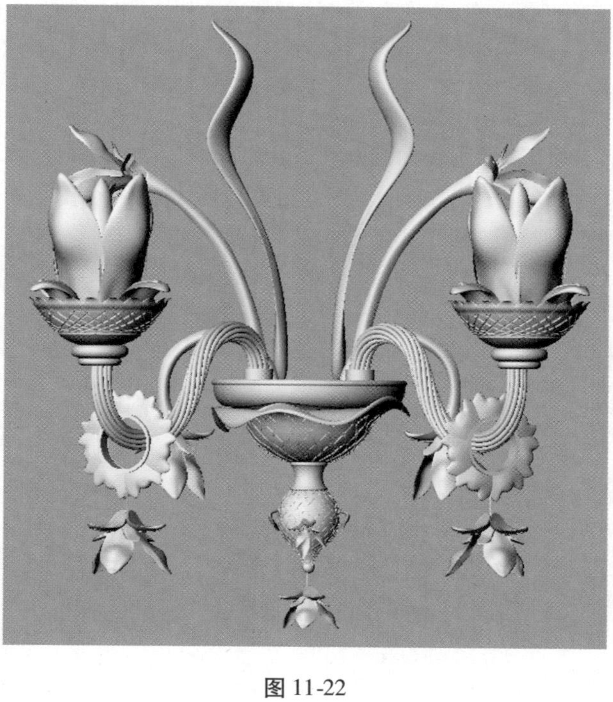

图 11-22

11.2 Rhino 灯具设计中的现代吊灯建模方法

首先我们打开灯具的 CAD 图，将 CAD 图复制粘贴在犀牛模型里，然后锁定，如图 11-23 所示。

在 Rhino 里画一条直线 然后画出吊灯的灯柱部分，如图 11-24 所示。

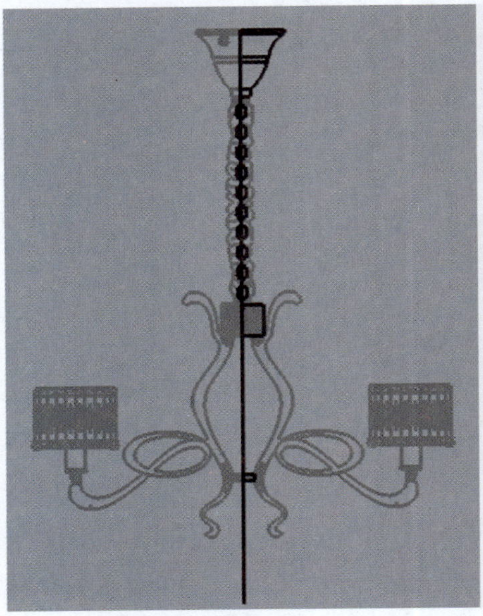

图 11-23

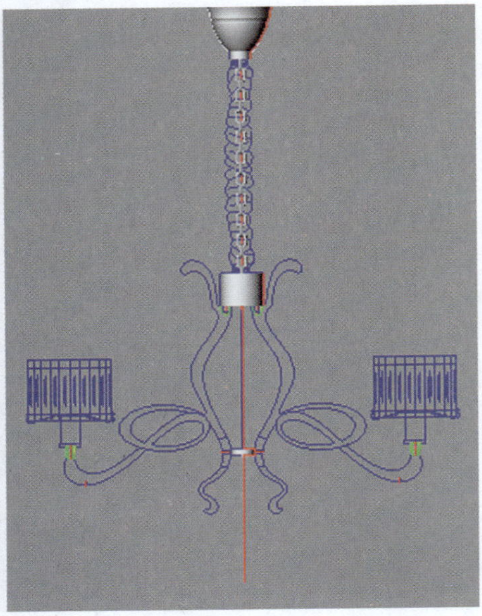

图 11-24

下面进行音乐符灯臂建模。

首先用曲线命令沿着 CAD 图将灯臂模型画出。

然后用拉伸命令将曲线拉伸成曲面，如图 11-25、图 11-26 所示。

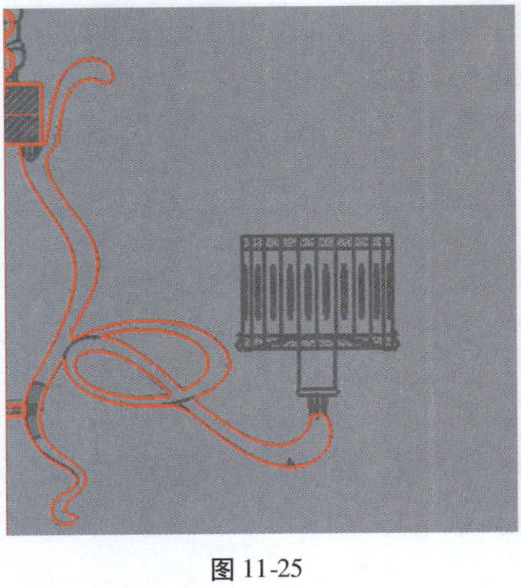

图 11-25

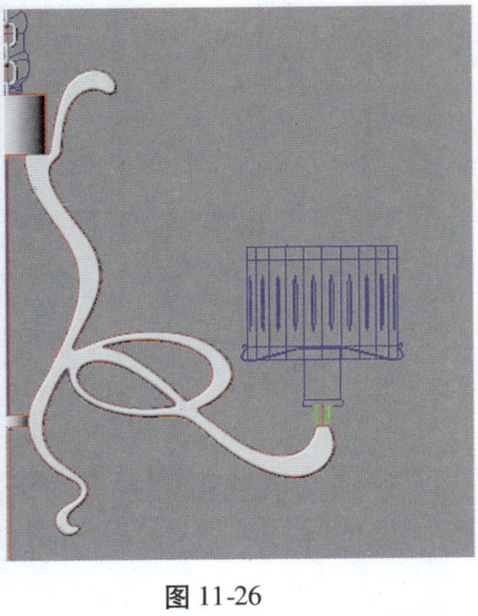

图 11-26

进行灯罩托盘建模，如图 11-27 所示。

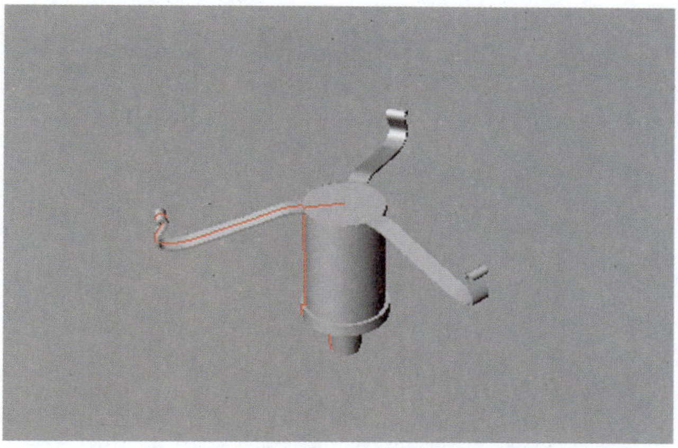

图 11-27

用曲线将模型轮廓画出来，将其拉伸，然后旋转模型，如图 11-28、图 11-29 所示。

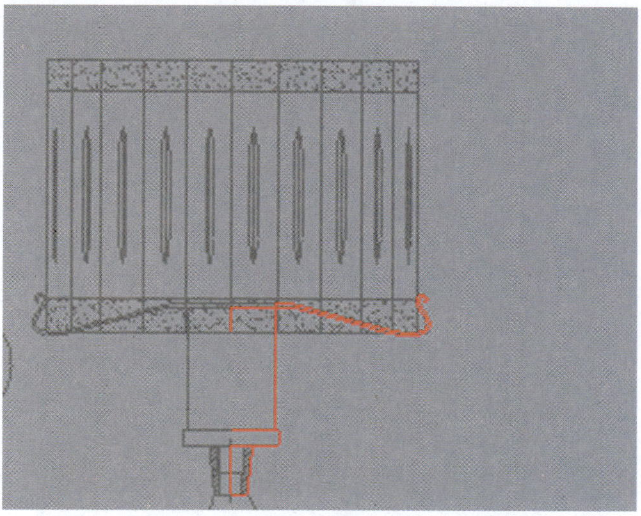

图 11-28

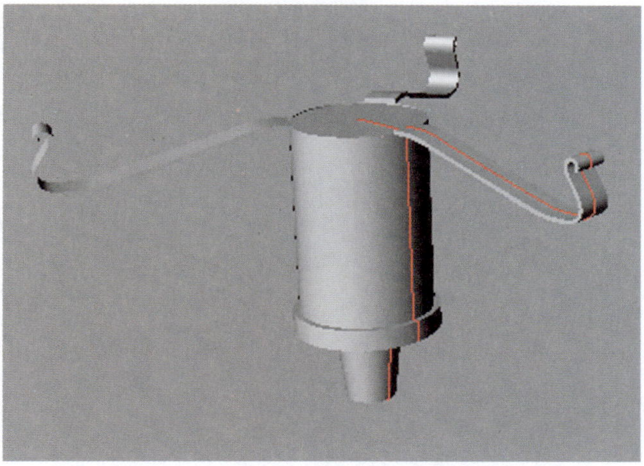

图 11-29

列灯臂与灯罩,如图 11-30 ~ 图 11-32 所示。

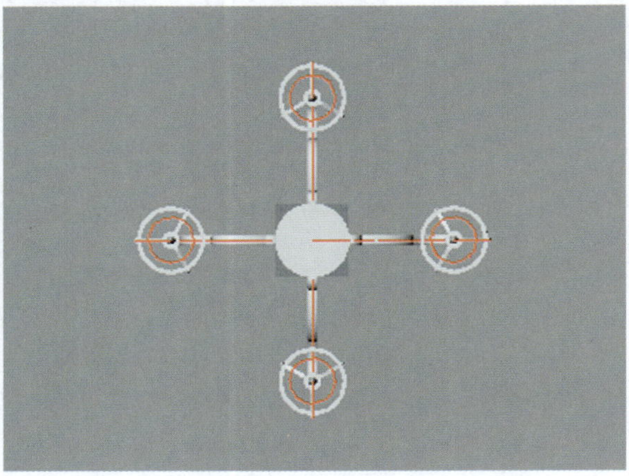

图 11-30

图 11-31

图 11-32

11.3 Rhino 灯具设计中的水晶吊灯建模方法

首先我们打开灯具的 CAD 图,如图 11-33 所示。

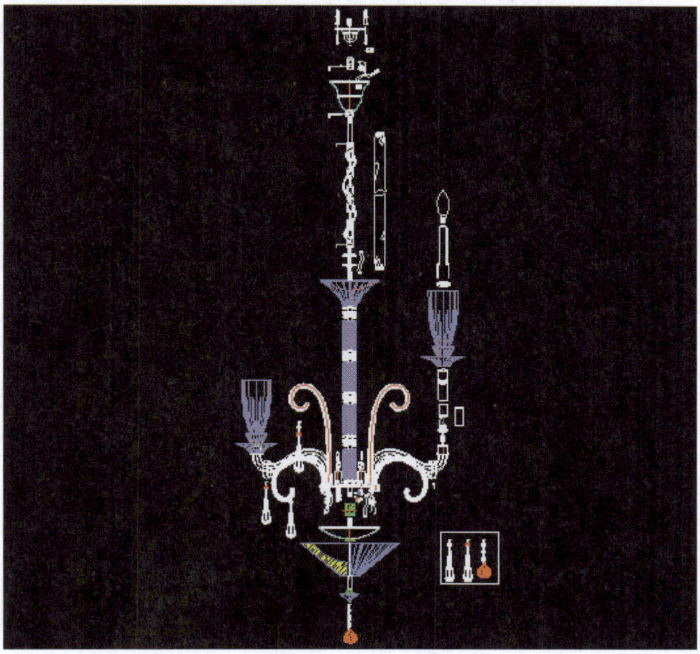

图 11-33

在 Rhino 里画一条直线,然后画出吊灯的灯柱部分,如图 11-34、图 11-35 所示。

图 11-34

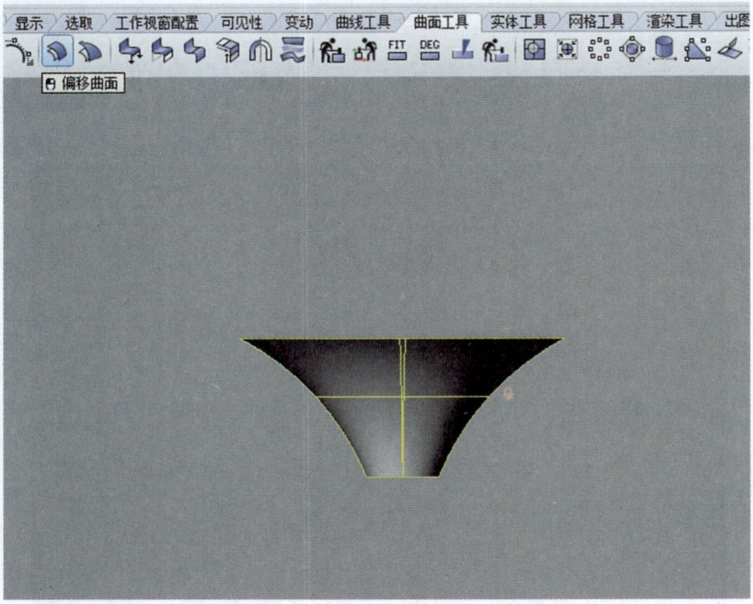

图 11-35

画两条线，再用投影曲线命令将模型进行分割，如图 11-36 所示。

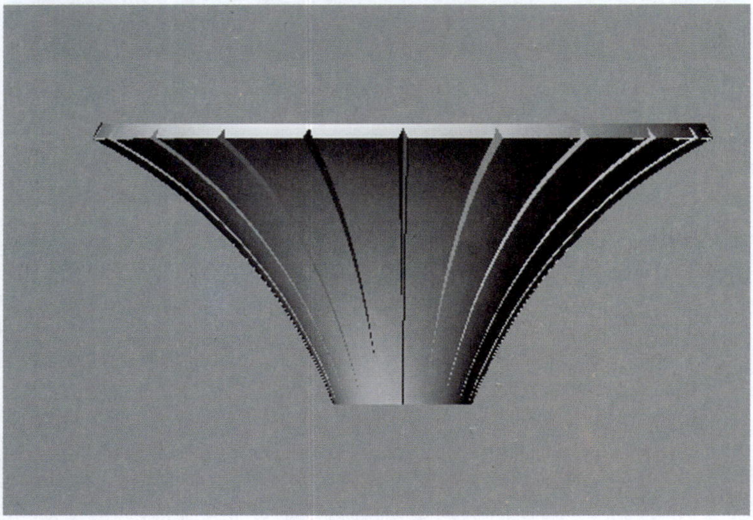

图 11-36

画曲线，建立曲面，然后将曲面旋转阵列，如图 11-37 ~ 图 11-41 所示。

图 11-37

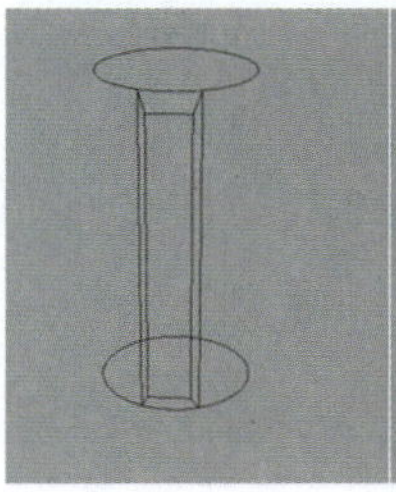
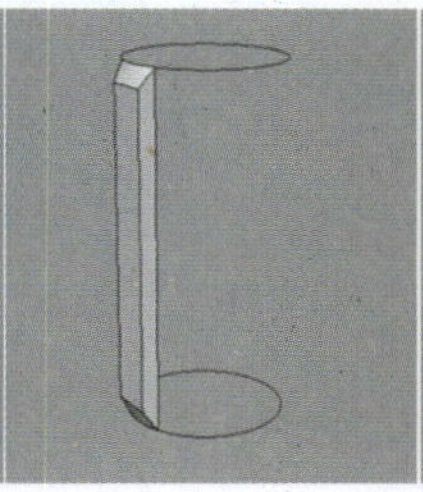
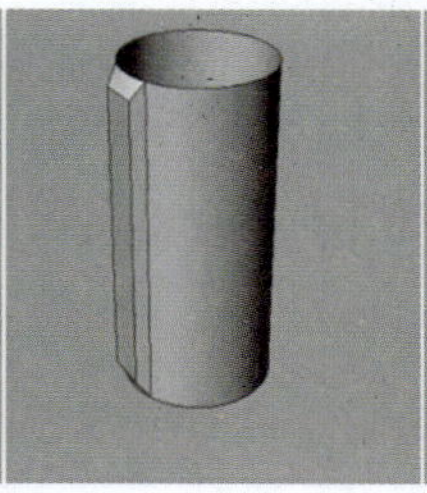

图 11-38　图 11-39　图 11-40　图 11-41

进行灯罩建模，如图 11-42 ~ 图 11-45 所示。

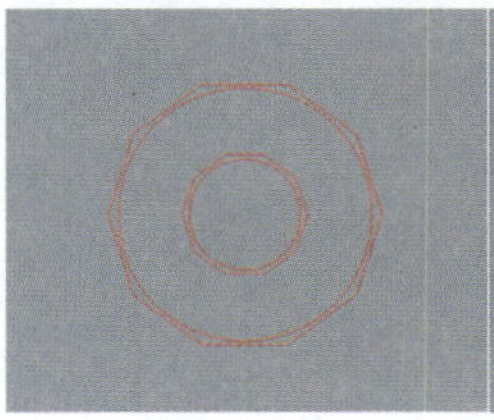
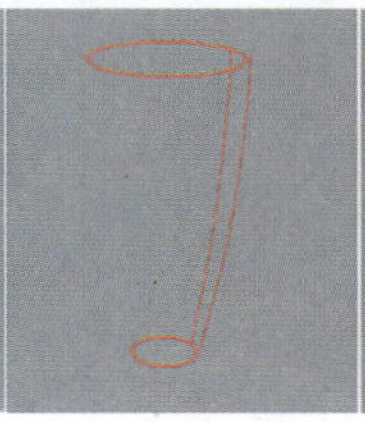
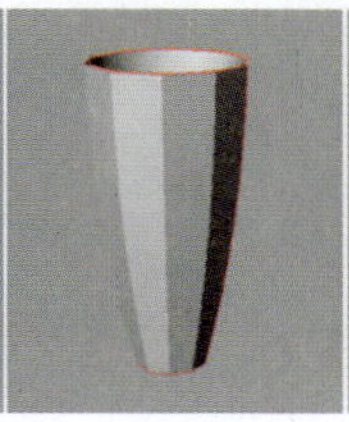

图 11-42　图 11-43　图 11-44　图 11-45

进行灯臂制作，分析曲线长度，如图 11-46、图 11-47 所示。

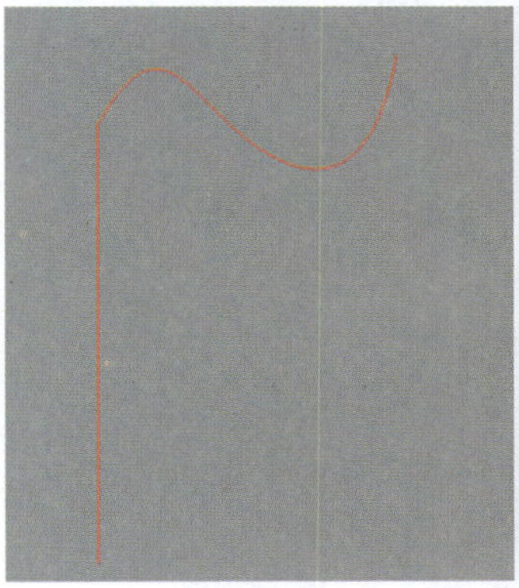
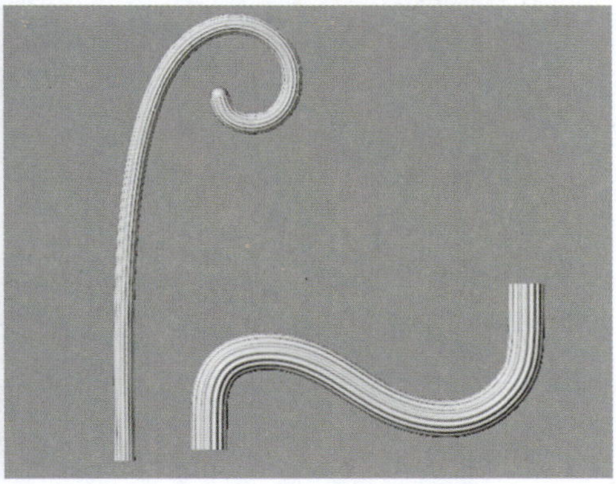

图 11-46　图 11-47

进行水晶建模。

画出水晶的边缘线，用 4 个边缘线建立曲面，如图 11-48 ~ 图 11-50 所示。

进行底玻建模。

画出底玻的轮廓，并分割成 20 段。画出底玻的轮廓。

画曲线，建立曲面，然后阵列出底玻，如图 11-51 ~ 图 11-54 所示。

制作水晶吊坠，如图 11-55、图 11-56 所示。

选取出要阵列的物件，选取中心点，如图 11-57 ~ 图 11-59 所示。

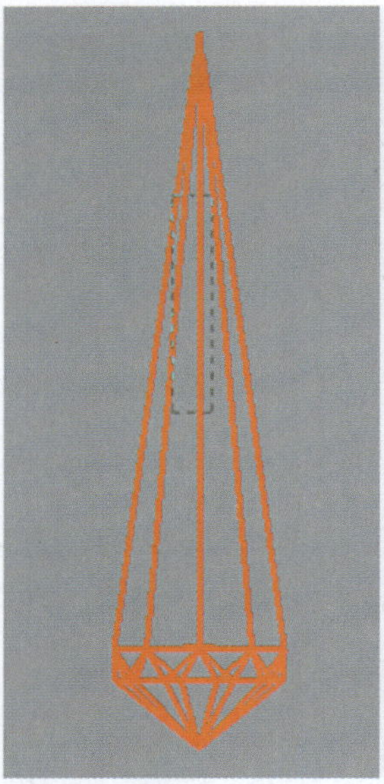

图 11-48

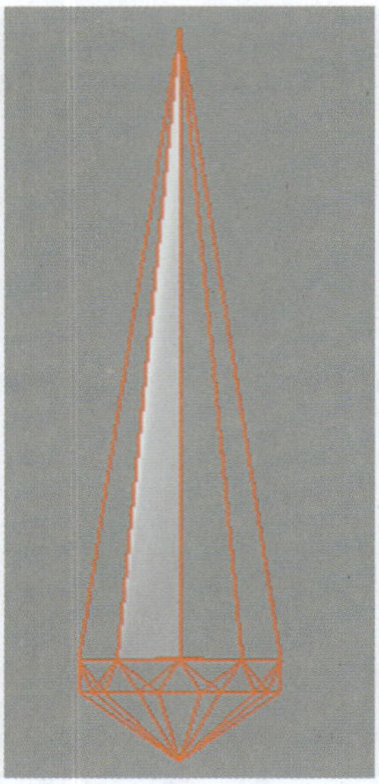

图 11-49

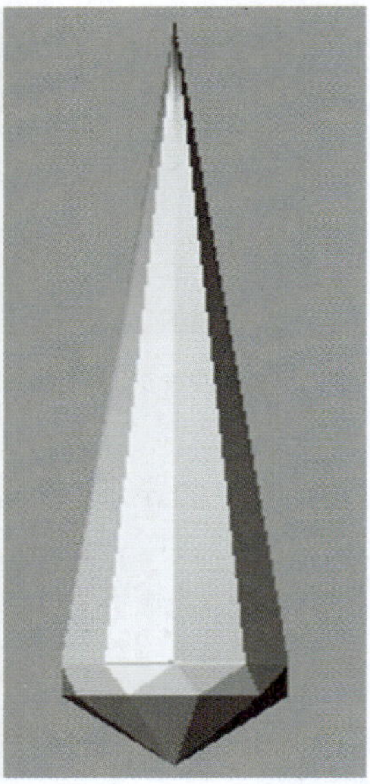

图 11-50

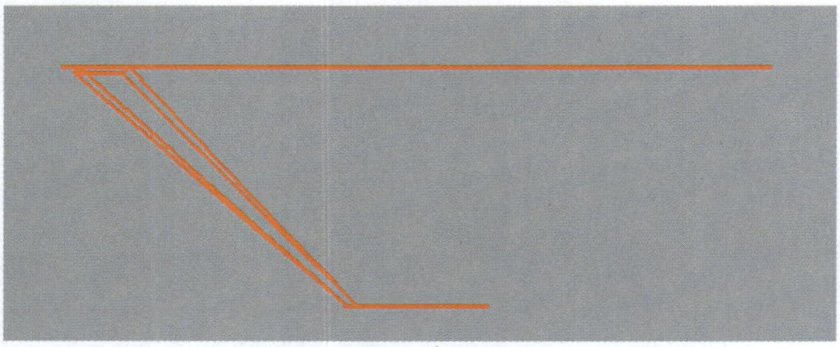

图 11-51

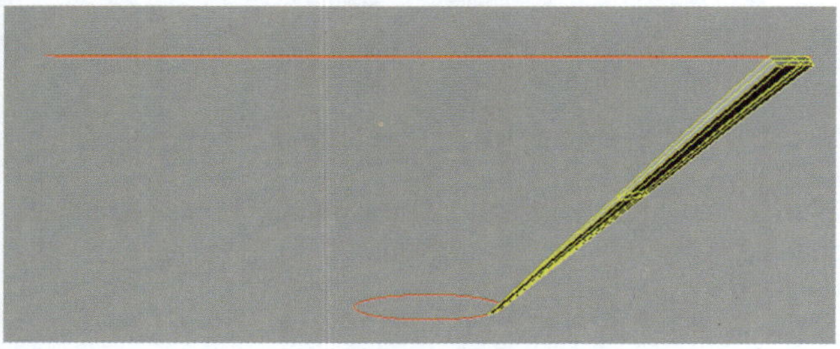

图 11-52

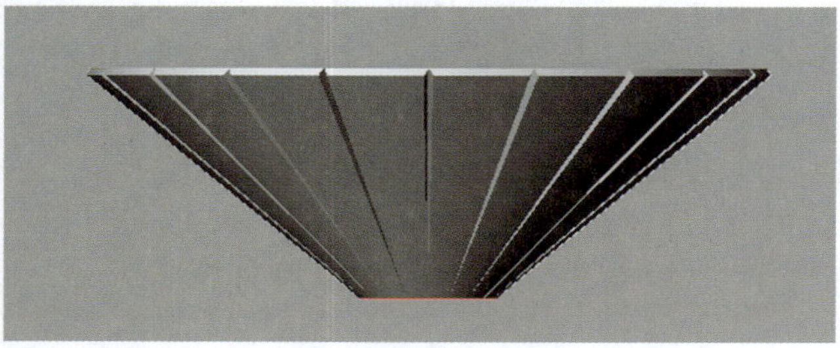

图 11-53

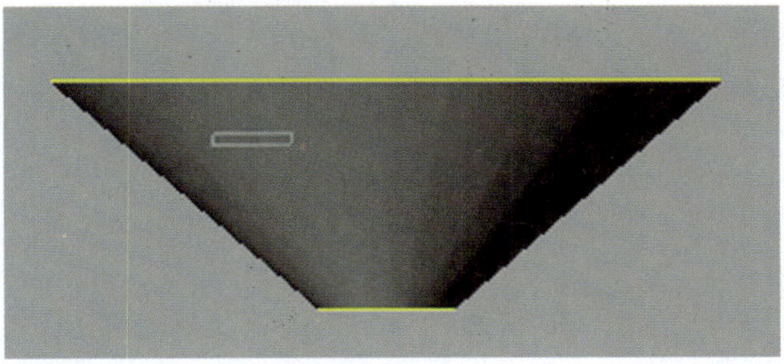

图 11-54

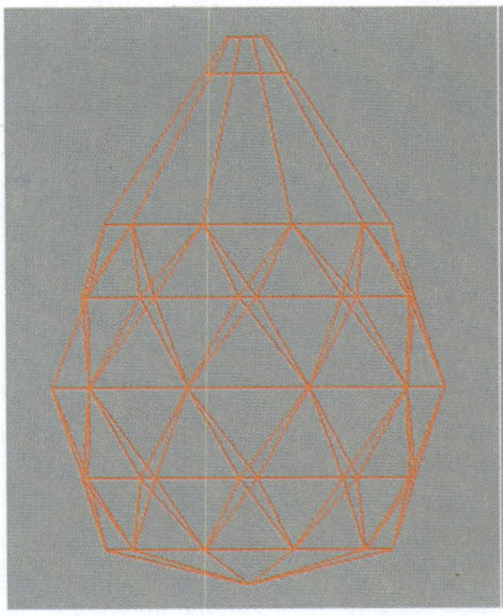

图 11-55　　图 11-56

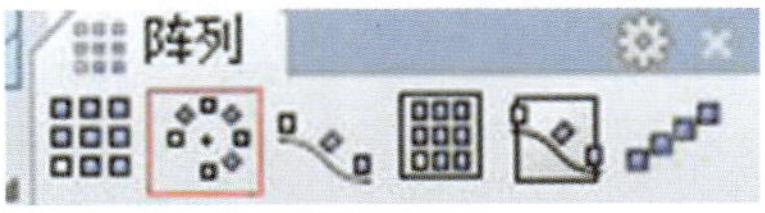

图 11-57

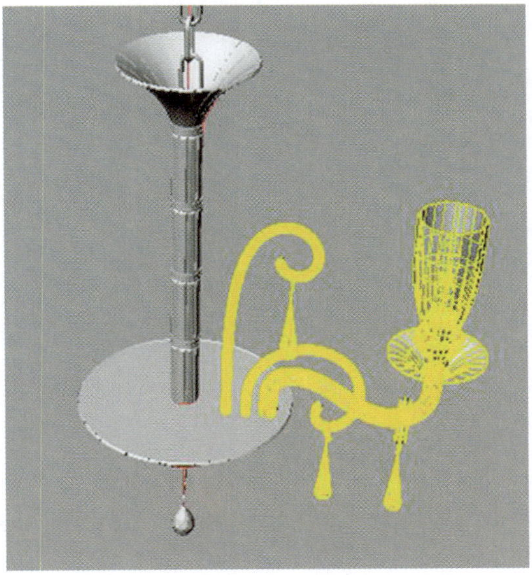

图 11-58

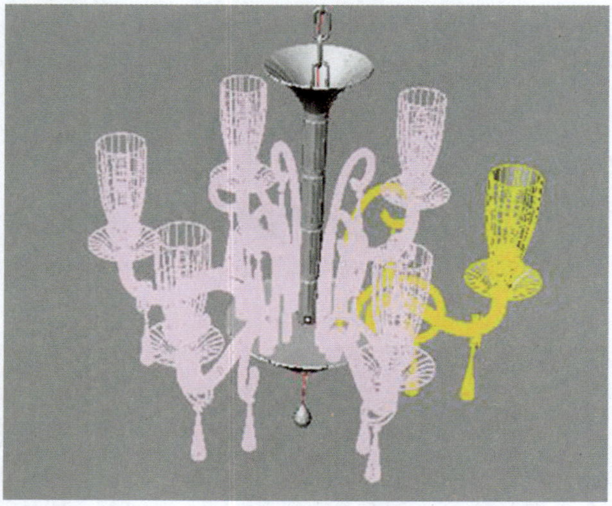

图 11-59

附　录　Rhino 中的插件介绍

V - Ray for Rhino：Rhino 渲染插件。

Maxwell：Maxwell 渲染器，带有与 Rhino 的接口插件。

Flamingo：由 McNeel 公司自己开发的 Rhino 渲染插件。

T - Splines：一个自带完整建模体系的 Rhino 建模工具插件。

Penguin：由 McNeel 开发的 Rhino 动画风格渲染插件。

RhinoCAM：Rhino 上的一个 CAM 插件。

Grasshopper：Rhino 参数化设计工具。

Monkey：Rhinoscript 编译器，参数化设计工具，Rhino 插件制作工具。

Archcut：Rhino 剖面增强插件。

VisualARQ：Rhino 建筑建模插件，类似于 Sketchup 上的 1001bit Tools、SUAPP 等。

RhinoArt：Rhino 雕刻工具，经作者试用，比 Zbrush 差多了，建议大家不必在上面花时间。

Qhull：集成了多种平面和开间 Voronoi 算法的 Voronoi 生成工具，文档里面有与 Rhinoscript 接口文件。

Hypershot：新锐渲染软件，与 Rhino 有良好的导入接口。

CurvePiping：虚拟成管插件，渲染时让线成管。

Jewelerscad：Rhino 珠宝插件。

RhinoPhoto：Rhino 中一个增强的相机插件。

RhinoTerrain：Rhino 地形工具。

RhinoParametrics：第三方 Rhino 参数化插件。

RhinoNest：Rhino 排料外挂程序。

RhinoDirect：Rhino 工业 CAM 辅助插件。

PanelingTools：增强的阵列插件。

RhinoAssembly：动态工业模拟插件。

ObjectViewer for Rhino：增强的 Rhino 物件、图层及群组管理插件。

Armadillo：阵列插件（免费）。

LinceoVR：实时渲染器插件。

Rhino3D PDF：Rhino 模型 PDF 输出工具。

Rhinojewel：Rhino 珠宝设计插件。

Dynamic Display：动态显示插件。

Xshoe4：Rhino 鞋子设计插件。

RhinoGold：珠宝设计插件。